多尺度冬小麦氮素遥感诊断

陈志超　著

U0301351

中国科学技术出版社

·北 京·

图书在版编目（CIP）数据

多尺度冬小麦氮素遥感诊断 / 陈志超著 . -- 北京 : 中国科学技术出版社，
2024. 10. -- ISBN 978-7-5236-1105-0

Ⅰ . S512.106.2

中国国家版本馆 CIP 数据核字第 2024YT4378 号

责任编辑	彭慧元	
封面设计	红杉林文化	
正文设计	中文天地	
责任校对	张晓莉	
责任印制	徐　飞	

出　　版	中国科学技术出版社	
发　　行	中国科学技术出版社有限公司	
地　　址	北京市海淀区中关村南大街 16 号	
邮　　编	100081	
发行电话	010-62173865	
传　　真	010-62173081	
网　　址	http://www.cspbooks.com.cn	

开　　本	710mm×1000mm　1/16	
字　　数	132 千字	
印　　张	10.5	
版　　次	2024 年 10 月第 1 版	
印　　次	2024 年 10 月第 1 次印刷	
印　　刷	涿州市京南印刷厂	
书　　号	ISBN 978-7-5236-1105-0 / S・805	
定　　价	78.00 元	

>>>

摘　要

　　以遥感技术（RS）、地理信息技术（GIS）、全球导航卫星系统（GNSS）和变量管理技术为支持并考虑作物与土壤时空变异的精准农业，实现了农田信息的精准感知、控制与决策管理，从而实现了作物的高产高效和环境风险的进一步降低。然而，在华北平原村级尺度小农户管理下，尚缺乏基于 RS 与 GIS 技术的冬小麦精准养分管理。本文通过山东省乐陵市南夏村多年多点小区与农户试验，应用多旋翼无人机搭载多光谱相机 Mini-MCA 与固定翼 eBee 无人机搭载多光谱相机 Parrot Sequoia+ 所获取的冬小麦冠层光谱反射率，利用建模与验证集筛选反演冬小麦农学指标效果最优的植被指数（简称最优植被指数），对比归一化植被指数与最优植被指数，评价了无人机遥感在当季关键生育期实时氮素诊断的潜力，并建立了冬小麦精准氮肥管理策略。同时，结合 GIS 技术与地统计学研究方法，建立了基于 GIS 与 RS 相结合的村级尺度冬小麦精准养分管理策略，评估了精准养分管理在村级尺度的节肥增效潜力。综合全文结果，主要工作及结论如下：

　　（1）从冬小麦氮素实时诊断来看，利用多旋翼无人机 Mini-MCA

多光谱估测了冬小麦氮素指标潜力，并基于两种机理性和一种半经验性模型分别建立了冬小麦氮素诊断策略。其中，红边归一化植被指数和最优植被指数都能够较好地估测田块尺度冬小麦地上部生物量和吸氮量，且无显著差异；基于多旋翼无人机遥感的有效氮素诊断策略为利用红边归一化植被指数快速无损地估测氮营养指数，达到了 73% ～ 86% 的准确率。

利用最优植被指数反演方法评估了基于固定翼 eBee 多光谱遥感的冬小麦氮素指标诊断估测潜力，提出了由田块尺度到村级尺度的冬小麦氮素最优诊断策略。村级尺度下，红光与红边归一化植被指数分别能解释 70% 与 64% 的生物量和吸氮量变异，与最优植被指数无显著差异。利用氮充足指数（NSI）能够较好且稳定地估测氮营养指数（NNI），采用 NNI-NSI 策略较为简单实用，诊断准确率为 57% ～ 59%。

（2）对于冬小麦精准氮素管理，应用多旋翼无人机 Mini-MCA 多光谱相机采集冠层光谱数据，利用氮肥优化算法进行田块尺度精准氮素管理。基于多旋翼无人机遥感估产效果较好，能够解释 89% ～ 93% 的产量变异。根据情景分析结果，基于无人机遥感的精准氮素管理在稳产基础上优于农户管理和区域优化管理，氮肥施用量分别减少了 21% ～ 40% 与 17% ～ 37%，氮肥偏生产力增加了 27% ～ 66% 与 32% ～ 59%。

采用绿色窗口法并结合村级氮素诊断结果，应用固定翼 eBee 多光谱遥感采集冠层光谱数据，创建性地提出了由田块尺度到村级尺度的无人机遥感精准氮素管理策略。基于固定翼无人机遥感估产效果较好，能够解释 85% 的产量变异。情景分析结果表明，采用绿光归一化植被指数与最优植被指数推荐施氮量类似，并与经济最优施氮量无显著差异。

（3）村级尺度下针对土壤与作物养分空间变异，应用地统计方法的 GIS 平台，建立了基于 GIS 与 RS 的村级冬小麦精准养分管理，探讨了基于情景分析的精准管理节肥增效潜力。精准养分管理有助于减少氮、磷、钾肥的投入，相对农户管理减少 44% ~ 68%、62% 和 88%，平均增收为每公顷 1387 ~ 1424 元；相对区域优化分别减少 24% ~ 56%、48% 和 93%；每公顷平均增收为 834 ~ 871 元。

关键词：无人机遥感；氮营养指数；氮素诊断；精准养分管理；精准农业

目 录

1 >>>

绪 论

1.1 背景与意义

1.1.1 研究背景

（1）精准农业是我国农业可持续发展的必然需求

随着世界人口的迅速增长，到 2050 年如何解决 90 亿人的温饱问题一直是前所未有的挑战（Godfray et al.，2010）。显然，这需要解决诸如可利用耕地资源减少、水资源供应不足、土壤肥力下降、病虫害暴发及农业技术匮乏等一系列问题（Cui et al.，2018；Foley et al.，2011；Gebbers & Adamchuk，2010）。受地形、地力以及光热资源分配差异的影响，农业生产所面临的问题也表现不一，即区域内部均可发生不同程度、不同类型的胁迫（如水分、养分、杂草、病虫害等）（Cui et al.，2018；Liu et al.，2013；Miao et al.，2011；Zhang et al.，2013；Zhang et al.，2016）。由于缺乏科学有效的农业技术，农户管理过程中难以诊断发现影响作物生长的胁迫，这导致作物产量的降低、农用资源的低效浪费以及生态环境风险的加剧（Cui et al.，2018；Miao et al.，2011；

Zhang et al.，2016）。为了解决这一问题，我国农业管理部门与科技工作者根据作物养分与水分的吸收规律，提出在一定区域内部进行统一作物管理，取得了比单独农户管理增产增效的表现（Cui et al.，2018；Wu et al.，2015；Zhang et al.，2013）。然而，在我国同一省市内耕地类型及肥力差异显著，这种区域优化管理因其采用县域、市域甚至更大区域的统一管理方案，缺乏对研究区域内土壤、气候、地形以及作物品种等变异的考虑；以小农户经营为主体的华北平原，以农户为单元的种植管理与资源投入已长期实行，这不可避免地造成了不同农户之间土壤肥力差异明显。以河北省曲周县村级尺度研究为例，在大约 20 公顷的耕作区域进行网格取土测定发现，土壤氮素供应每公顷由 33.4 ~ 268.4 kg 范围内变化，变异系数为 34%，理论最优施氮量在 0 ~ 355 kg·ha^{-1} 范围变化，且变异系数高达 46%（Cao et al.，2012）。

因此，同步权衡作物的高产高效和环境优化，就必须实现作物养分供应与作物需求在数量上一致、空间上匹配、时间上同步。这就需要对作物、土壤和气候状况进行当季的实时监测，以支持对土壤和作物的时空优化解决方案。显然，这需要精准作物管理，即将遥感技术（RS）、地理信息技术（GIS）、全球定位系统（GPS）（统称"3S 技术"）与农学栽培管理相结合，根据作物时空水分与养分需求，定点、定时、定量地进行一系列农事操作管理，如精准养分管理、精准耕作、精准植物保护与精准水分管理等环节（Pierce & Nowak，1999；Mulla & Miao，2016）。由此可见，精准农业管理可进一步提高粮食产量与资源利用率，进而促进我国农业可持续发展。

（2）遥感技术有力推动精准农业发展

农业生产因受自然、人为和经济等因素影响，具有生产分散性、时空变异性、灾害突发性（王人潮，2003）等特点。遥感作为在测绘科学、空间科学、计算机科学以及地球科学等理论的基础上发展的综合性学科，可通过多平台大面积快速获取高时空分辨率的影像数据，及时准确掌握农业生产重要信息（农业资源、农业灾害、作物长势等），有助于精准农业中调查、评价、监测和管理，对提高农业生产力具有重要作用（史舟等，2015）。因此，农业也成为遥感最先应用并取得显著效益的领域（邢素丽、张广录，2003）。其中，土地利用状况、耕地利用保护、农作物区域估产等领域最早实现了农业遥感技术的应用。

特别是近些年来，大量新型遥感传感器、遥感平台与遥感数据的不断涌现，米级分辨率的雷达卫星数据、全球荧光遥感卫星数据、高重访周期的微波遥感数据、多元化的地面遥感与无人机平台等，都为农业遥感的发展提供了新的机遇与前景。其中包括3S技术集成对作物长势与养分的实时诊断（Chauhan et al.，2019；Tremblay et al.，2011）、高光谱遥感对作物表型参数反演（Yang et al.，2017）、高光谱农学遥感机理研究（Yang & Chen，2004）、遥感与作物生长模型耦合研究（Huang et al.，2019）、荧光农业遥感应用（Tremblay et al.，2012）等。此外，农业遥感与地理信息技术紧密融合，促使我国农业生产从沿用传统观念和方法的阶段进入精准农业定量化与机理化发展新阶段，农业研究也由经验水平提高到理论水平。因此，农业遥感为精准农业提供了有利的技术手段，促进了我国现代农业可持续发展。

1.1.2　研究意义

伴随我国工业化、信息化、城镇化和农业现代化进程，可利用的耕地面积不断减少且质量持续降低，加之大量农村劳动力转移至城市，农业技术装备水平不断提高，农户承包土地的经营权流转明显加快，促使适度规模经营已成为必然发展趋势。如何在有限的耕地、水分与养分等资源限制下，保障国家粮食安全，实现化肥与农药施用量的零增长成为亟待解决的问题之一。在我国传统耕作区的华北平原，以小农户种植规模为主体，多样化的农户管理与品种选择，时空变异往往更加突出，管理不当的风险大大增强，导致环境污染与资源浪费（Phillips，2014；Cui et al.，2018）。区域优化养分管理以全国尺度对各个耕作区进行统一优化管理，在一定程度上相比农户管理减少养分投入、提高产量与资源利用效率，但在具体村级与田块尺度仍然需要考虑不同养分限制因素的影响来进一步实现"化肥零增长"甚至"负增长"。精准养分管理可根据作物时间与空间的需求来进行精准养分投入，在保证产量的前提下，以期获得经济收益与环境效益的最大化（Diacono et al.，2013）。传统的养分诊断技术以田间取样化学分析测定为主，由于需要投入单位成本过高、时效性较差等因素，限制了此项技术在农业生产的推广与应用。农业遥感诊断技术以其快速、无损、低成本等优点，可代替传统方法进行实时养分诊断与调控，提高了作物养分利用率，被许多国家农业生产所采用（Mulla，2013；Tremblay et al.，2011）。

因此，发展适用于华北平原小农户生产的氮素遥感实时诊断技术，以期实现提高作物产量的同时提高养分利用效率，对实现华北平原区域高产高效、绿色可持续农业具有重要意义。

1.2 基于 RS 和 GIS 技术的精准养分管理研究进展

1.2.1 基于 RS 的作物氮素诊断及精准管理

（1）氮素诊断遥感机理

作物叶片的叶绿素对绿光波段有较强的反射，对红光波段有较强的吸收，对近红外波段具有高反射率和高透射率。因此，对于敏感波段进行遥感监测能够反映作物叶绿素含量。氮素作为作物生长的关键营养元素和结构物质，也是叶绿色的重要组成成分，氮素缺失会导致作物叶片中叶绿素含量的明显变化，进而导致作物绿光波段的反射率明显增加（图1-1）。此外，氮素的亏缺也会引起作物生物量或者植被覆盖度不足，也可导致叶片近红外波段的反射率明显增加（图1-2）。遥感诊断就是利用各种传感器测定植物对光的波段反射率，估测作物氮素遥感诊

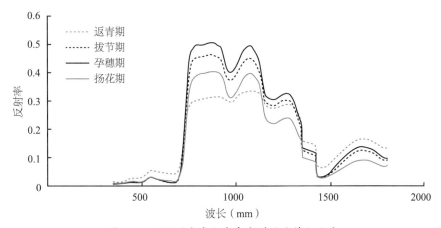

图 1-1　不同时期冬小麦高光谱响应特征曲线

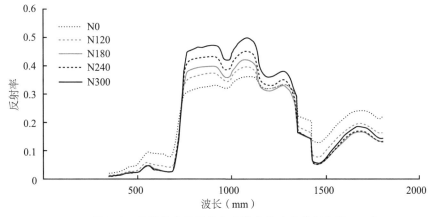

图 1-2　不同氮水平下冬小麦高光谱响应特征曲线

断农学指标，根据其指标含量阈值来评价作物氮素营养状况，给出适宜施氮量，从而进行精准氮素管理。

（2）基于叶绿素仪的氮素诊断与精准管理

遥感诊断技术是精准氮素管理的关键与重点。相较于症状观察、土壤与植株化学分析等传统诊断方法，氮素遥感诊断可快速、无损、大面积应用于区域农田生态系统（Muñozhuerta et al., 2013）。然而，针对养分管理尺度不同，所要求的诊断精准度也会有所不同，所采用遥感传感器与诊断方法的适用范围也有所不同。如何利用各个传感器的优势进行不同尺度的农业遥感诊断，提高养分诊断的精度，也是各国学者关注的热点（Diacono et al., 2013；Mulla, 2013；Tremblay et al., 2011）。

对于作物养分与生长状况监测而言，尺度最小、测定精度最高的遥感诊断方式为叶位遥感。目前报道较多的传感器是SPAD叶绿素仪与Dualex荧光仪（Cerovic et al., 2012；Mizusaki et al., 2013；Tremblay et al., 2012；Uchino et al., 2013），两者均需要进行手持操作，并在所测定的叶位以夹片方式，利用内部测量探头发射光信号，通过接收器接收通过植株叶片的光信号，并以设定的程序计算反映作物营养状态的遥感参数。SPAD与Dualex的遥感诊断原理与指标差别很大。

SPAD叶绿素仪发射红光（650 nm）与近红外光（940 nm），大多数红光被植株叶绿素所吸收，少量被反射，红外光的发射可用于叶片厚度和含水量的校正，两部分透射光可计算SPAD值（叶绿素相对含量）（Schröder et al., 2000）。氮素的不足或过量会直接影响叶绿素含量的变化，所测定的SPAD值与氮含量高度相关并呈显著变化（Samborski et al., 2009）。Dualex荧光仪相对SPAD较为新颖，其主要原理是以植物荧光遥感为基础，通过双重激发的叶绿素荧光来获取叶片表皮的紫外光（375 nm）吸收率，以反映叶片中多酚化合物含量。多酚化合物与作物氮素状况关系密切。随着叶片氮浓度越低，Dualex 读数显著增高，从而可结合所测结果进行小麦、玉米以及水稻的氮素诊断（Cartelat et al.，2005；Tremblay et al.，2012；Yu et al.，2012）。此外有研究 SPAD 与 Dualex 结合进行叶位遥感研究发现，以比值的形式在小麦与玉米氮素诊断比单一传感器诊断更加敏感，效果更好（Tremblay et al.，2007；Tremblay et al.，2009）。

针对叶位遥感诊断方法与氮素调控，受其诊断部位与遥感指标单一因素的影响，目前主要有临界值法、充足指数法以及比值法。临界值法主要依据 SPAD 或 Dualex 值与叶片氮浓度的相关关系，利用正常健康植株叶片临界氮浓度，得到不同品种、不同生育期的 SPAD 或 Dualex 阈值，以诊断植物的氮状况。品种、土壤、生育期等因素均会影响此传感器遥感的阈值，因此，在实际应用的过程中需要具体确定（Turner & Jund，1994）。为了消除品种、土壤、生育期等因素的影响，一些学者提出利用充足指数法和比值法来进一步提高叶位遥感的诊断精度。充足指数法主要是利用待测植株叶片与充足施氮植株叶片的叶绿素仪读数的比值（充足指数）来判断植物的氮状况，例如，在玉米与水稻的研究中，Hussain 等（2000）与 Varvel 等（1997）根据氮充足小区遥感数值，将充足指数的阈值定为 0.95 或 0.90，其诊断稳定性与效果较好。为了减少设置氮充足小区操作，比值法被一些学者所提出与应用。植物缺氮时下部叶片分解叶绿素并将氮素转运至上部叶片，根据此原理可采用上下叶位 SPAD 比值作为作物氮素状况的诊断指标（沈掌泉等，2002）。此种方法应用较为简单，在水稻中的应用较广，但对于小麦与玉米等作物的应用仍需进一步研究评估。

经过叶位尺度的遥感诊断，采用阈值法进行精准氮素管理，如利用

SPAD 阈值进行水稻氮肥精准管理，根据氮素状况调整氮肥使用量，并取得相对于农户氮肥管理平均减少氮肥施用量 32%、增产 5% 的效果（Peng et al.，2010）。

（3）基于地面冠层传感器的氮素诊断与精准管理

田块尺度主要是应用近地面冠层传感器进行遥感诊断的，其中包括近地面高光谱遥感与近地面多光谱遥感诊断。

高光谱遥感即高光谱分辨率遥感，以窄而连续的小光谱（通常 10 nm）对地面植物进行持续遥感的技术，其电磁波谱在可见光、近红外、中红外与热红外波段范围内，可提供土壤与植被对连续光谱的响应能力（Mulla 2013）。高光谱因其获得连续波段的光谱信息，不仅可以通过波形分析来研究作物对养分、水分或者病虫害的胁迫响应，也可以丰富的光谱信息计算海量植被光谱指数，建立光谱与作物养分、水分等定量关系的预测模型（Thenkabail et al.，2000；陈仲新等，2016）。Thenkabail 等（2000）在研究高光谱植被指数与作物光谱特性的关系以确定农作物生物量、叶面积指数、株高以及产量等最适反演光谱波段时发现：高光谱数据可被构建三大类植被指数来进行植被反演与预测，这包括多窄波段理想反射系数（Optimum Multiple Narrow Band Reflectance，OMNBR）、窄波段标准差植被指数（Narrow Band，NDVI）以及土壤调节植被指数（SAVI），并指出因作物特征较强的相关关系位于红光波段（650 ～ 700 nm）、绿波波段（500 ～ 550 nm）以及近红外波段（900 ～ 940 nm）。OMNBR 所建立的模型主要解决过度拟合的问题，一般只需要 2 ～ 4 个窄波段利用 OMNBR 描述作物特征（Mulla，2013）。诊断反演效果较好的窄波段归一化植被指数集中表现在以红光和近红外波段为中心，且与不同作物类型（玉米、大豆、棉花、马铃薯等）与农学参数（LAI、生物量等）而变化。常用高光谱数据分析方法主要包括波段等势图（lambda–lambda plots）（Jain et al.，2007），光谱倒数法（spectral derivatives）（Alchanatis & Cohen，2016），判别分析（discriminant analysis）（Yuan et al.，2014）以及偏最小二乘分析等（Li et al.，2014b）。基于高光谱的作物氮素诊断主要方法大致分为 3 种（陈鹏飞等，2010）：其一，利用反射光谱或其导数光谱信息，对作物生理生化指标进行回归分析；其二，凭借光谱特征波段进行具有物理含义的光谱指数的构建，然后与作物生理生化指标进行回归分析；其三，利用叶片光谱模拟模型（PROSPECT）、辐射传输模型（SAIL）等具有明确物理含义的模型直接进行作物生理生化指标反演。

利用被动光源的地面高光谱具有丰富的光谱信息，需要大量的数学运算，且测定需要在晴朗无云条件下进行，这均不利于田块尺度的氮素诊断及应用。多光谱遥感可利用多个主要敏感波段进行有针对性的作物长势与营养状况监测，并作为田块尺度遥感氮素诊断的主要方式被世界各国广泛应用，这主要集中在近地面主动冠层传感器的研究。主动冠层传感器，自带主动光源且不受环境光线限制，可进行全天候遥感监测，其中包括 GreenSeeker、Crop Circle、RapidSCAN、CropSpec 以及 Yara N-sensor（Cao et al.，2016a；Lu et al.，2017；Tremblay et al.，2011；Wang et al.，2019）。GreenSeeker 主动冠层传感器通过测定作物冠层反射的红光（650 nm ± 10 nm）和近红外光（770 nm ± 15 nm），得到归一化植被指数 NDVI 和比值植被指数 RVI。作物在不同氮素供应水平下，生物量和吸氮量与植被指数 NDVI 和 RVI 均呈显著相关关系（Li et al.，2010b；Yao et al.，2014），由此可进行作物氮素的诊断与精准调控（Li et al.，2010；Yao et al.，2014）。Xia 等（2016）通过参照氮营养充足田块，以充足指数 NSI 与氮营养指数 NNI 较好的相关关系，进行夏玉米的氮素诊断。考虑到在高植被覆盖度的情况下，NDVI 容易饱和，Crop Circle ACS-470、430 以及 RapidSCAN 可以通过多个光谱波段同时使用，计算多种植被指数来提高遥感诊断的准确度。

在进行作物氮素诊断之后，多数冠层传感器可采用氮肥优化算法进行精准氮素管理。其主要原理是采用田间作物植被指数来估测产量潜力和当季作物的吸氮量，根据产量与籽粒氮含量的相关关系估测最终的籽粒吸氮量，从而根据籽粒与植株吸氮量的差值来计算施氮量。

（4）基于卫星遥感的作物氮素诊断与精准管理

对于区域大面积遥感诊断氮素状况，采用卫星遥感更为现实。由于不受飞行条件限制，是一项前景非常好的技术，而且广泛地应用于作物营养监测（Mulla，2013）。随着技术的不断进步，高空间分辨率与高光谱分辨率的卫星图像已逐渐应用于作物的精准管理（表 1-1）（Mulla，2013）。考虑到区域精准养分管理的目标不同，需要选择适合田间作物管理单元的空间分辨率与光谱分辨率。高空间分辨率与高光谱分辨率的卫星影像可能价格过高，在应用过程中仍需考虑成本（Mulla，2013）。

基于卫星的农业遥感已成功应用于作物叶面积指数、生物量以及氮浓度等参数反演，并表现出较高的诊断潜力（Shou et al.，2007；Wu et al.，2007）。Shou 等（2007）研究冬小麦拔节期氮素诊断时，利用 QuickBird 高精度卫星影像，不仅成功地判别出不同氮肥处理，还建立了植株氮浓度以及茎基部硝酸盐浓度和叶绿素的反演模型，从而有助于拔节期冬小麦精准氮素管理。贾良良等（2013）在华北平原利用 KONOS 卫星影像，成功实现了冬小麦氮素监测。Bausch 和 Khosla（2010）在研究玉米中后期氮素诊断时，采用 QuickBird 卫星的多光谱影像估测玉米氮素营养状况，并达到 79% ~ 83% 的一致度。Huang 等（2017；2015）通过 RapidEye 与 WorldView-2 卫星遥感实现了大面积水稻氮素监测，并提出相应精准氮素管理策略。然而，农业遥感受作物管理时期的影响很大，关键时期卫星遥感影像的获取，不仅要考虑遥感区域与重访周期，更要去除天气与云层的影响（Mulla，2013；Ranisavljević et al.，2014），这很大程度会限制作物实时遥感诊断与精准氮素管理。

表 1-1　卫星遥感分类表（Mulla，2013）

卫星平台	发射时间	传感器波段	空间分辨率（m）	重访周期（d）	应用程度
Landsat	1972	绿、红、红外（2 个）	56 × 79	18	低
AVHRR	1978	红、近红外、热红外（2 个）	1090	1	低
Landsat 5 TM	1984	蓝、绿、红、近红外（2 个）、中红外、热红外	30	16	中
SPOT 1	1986	绿、红、近红外	20	2-6	中
IRS 1A	1988	蓝、绿、红、近红外	72	22	中
ERS-1	1991	Ku 波段，红外	20	35	低
JERS-1	1992	L 波段雷达	18	44	低
RadarSAT	1995	C 波段雷达	30	1-6	中
IKONOS	1999	全色、蓝、绿、红、近红外	1-4	3	高
SRTM	2000	X 波段雷达	30	-	中
Terra EOS ASTER	2000	绿、红、近红外、中红外（6 个）、热红外（5 个）	15-90	16	中
EO-1 Hyperion	2000	400-2500 nm（波长 10 nm）	30	16	高
QuickBird	2001	全色、蓝、绿、红、近红外	0.61-2.4	1-4	高
EOS MODIS	2002	36 波段（可见光 - 红外）	250-1000	1-2	低
RapidEye	2008	蓝、绿、红、红边、近红外	6.5	5.5	高
GeoEye-1	2008	全色、蓝、绿、红、近红外（2 个）	1.6	2-8	高
WorldView-2	2009	紫、蓝、绿、黄、红、红边、近红外	0.5	1.1	高

（5）基于无人机的作物氮素诊断与精准管理

无人机（unmanned aerial vehicle，UAV）即无人驾驶航空器，以动力装置与导航模块，利用无线电遥控设备或地面站预测航线在一定范围内自主控制飞行。目前，无人机根据不同的机身结构、大小、航程长短、飞行高度与用途等，可分为多个类别，如表 1-2 所示。

表 1-2 遥感无人机分类表

分类	具体分类
机身结构	固定翼无人机、多旋翼无人机、无人飞艇、伞翼无人机、扑翼无人机、复合翼无人机
大小	微型无人机、轻型无人机、小型无人机以及大型无人机
航程	超近程无人机、近程无人机、短程无人机、中程无人机和远程无人机
飞行高度	超低空无人机、低空无人机、中空无人机、高空无人机和超高空无人机
用途	军用、民用

无人机遥感，利用无人驾驶飞行器技术、传感器技术、遥测遥控技术、通信技术、GPS 差分定位技术与遥感应用技术，能够自动化、智能化、专题化快速获取国土、资源、环境等的空间遥感信息，完成遥感数据处理、建模和应用分析（金伟等，2009）。多旋翼无人机由于低速、体积小、可悬停、飞行姿态较稳、起落简易方便、可搭载多种传感器，相较于地面冠层传感器可获得遥感影像，且诊断效率更高，已成为田块尺度作物表型或精准农业研究的热点（Huang et al.，2013；Yang et al.，2017）。由于目前传感器的快速发展，多旋翼无人机遥感传感器分辨率可以达到厘米级甚至毫米级，因此对农学性状的诊断效果相对较好。通过对已往文献总结发现，目前无人机遥感已逐渐应用于对土壤（D'Oleireoltmanns et al.，2012）、叶面积指数（Xie et al.，2017）、产量估测（Gonzalezdugo et al.，2015）、作物水分状况（Zarco-Tejada et al.，2012）、杂草（Torres-Sánchez et al.，2013）、病害（Calderón et al.，2014）、虫害（Huang et al.，2008）、病原菌（Gonzalez et al.，2011）等的诊断与监测。

　　基于多旋翼无人机遥感的氮素诊断随传感器技术进步而快速发展（Sankaran et al.，2015）。Zhu 等（2010）通过多旋翼无人机搭载数码相机对田块尺度水稻不同氮素状况进行遥感诊断发现，遥感影像中颜色参数与水稻叶绿素含量建立相关关系，可实现与施氮水平 0、60、90 与 120 kg·ha^{-1} 诊断吻合度分别达 92%、71%、87% 和 95%，估测效果较好。Vega 等（2015）通过多旋翼无人机多光谱相机对向日葵生物量、氮浓度以及产量进行遥感诊断发现，不同遥感影像分辨率对田块尺度的作物反演评估效果差异不大，而不同生长时期的差异对遥感诊断精准度有一定的影响，最佳时期对遥感诊断估测十分重要。Geipel 等（2016）通过多旋翼无人机对冬小麦长势进行多光谱遥感时发现：NDVI 与 REIP 可较好反演冬小麦地上部生物量（R^2=0.72 ~ 0.85）与氮浓度（R^2=0.58 ~ 0.89），且在孕穗期可有效诊断氮素状况，并具有较好的产量与蛋白质含量的反演效果（R^2=0.89 ~ 0.94；0.76 ~ 0.86）。Roosjen 等（2018）研究多旋翼无人机多角度进行遥感诊断发现：遥感诊断与 PROSAIL 模型结合可显著提高对叶面积指数与叶片氮浓度的反演效果（R^2=0.98 与 0.96）。

　　相较于多旋翼，固定翼无人机既可满足区域（村级、县域）的遥感监测，获得较高的遥感诊断效率，也可根据农时设计航线，低空飞行获得高空间与光谱分辨率的遥感图像。Marcaccio 等（2016）报道固定翼无人机与多旋翼无人机表现出相似的遥感诊断潜力，在区域可获得较高的遥感诊断效率。目前，SenseFly 公司的 eBee 固定翼电动无人机可搭载红边波段的相机，作为新型无人机遥感诊断手段，表现出对农作物的氮素诊断更大的潜力。Roumenina 等（2015）发现卫星（SPOT5/HRG XS）和固定翼无人机（eBee）NDVI 图像在用于使用自然断裂方法将冬小麦田生长分为三类（差、满意和良好）时表现相似。Marino 和 Alvino（2018）也利用该手段成功诊断出小麦高中低长势差异，这对今后农场尺度精准氮肥管理具有很大帮助。

综合文献结果发现，无人机遥感对作物氮素诊断与长势监测均表现出较好的潜力，但对基于无人机遥感冬小麦精准氮素管理策略的相关报道不多，不能有效地应用于实际生产中。因此，利用无人机遥感的技术优势，结合传统农业氮素诊断的生物学机理，提出基于无人机遥感的田块尺度与村级尺度的作物精准氮素管理策略十分必要，这可为华北平原同时提高作物产量与养分利用效率提供技术支持与理论依据。

1.2.2 基于 GIS 的作物精准养分管理

土壤作为自然连续体，土壤特性具有天然的时空变异性（鲁植雄和潘君拯，1994）。土壤养分的空间变异性决定作物从土壤获得养分的数量。如何分析确定土壤养分的空间变异性是作物养分管理与合理施肥的基础（刘杏梅等，2003）。地统计学作为分析土壤特性空间分布特征与变化规律的主要手段之一（Goovaerts，1999；郭旭东等，2000），可在GIS 技术支持下，以半方差函数与克里金插值为基本工具，实现精确分析土壤特性在空间上的分布（Miao et al.，2006）。利用 GIS 技术与地统计学方法，通过土壤有效磷与速效钾空间变异分析，结合作物最终产量，实现作物精准磷、钾管理（郭军玲等，2016；李志宏，2002）。

目前，利用农业遥感的手段来进行的作物磷、钾养分状况监测报道很少，主要是由于很难从作物光谱特征来区分作物磷与钾的养分胁迫（Pimstein et al.，2011；Mahajan et al.，2014）。以土壤养分网格取样为基础，基于 GIS 技术并采用地统计学分析方法，从而形成区域土壤有效磷与速效钾空间变化图，根据区域优化施肥指南进行精准磷钾管理，已被不少学者应用与报道（郭军玲等，2016；李志宏，2002）。苑严伟等（2013）在黑龙江省红星农场利用土壤网格取样测定数据，结合 GIS 技术与变量施肥机，通过目标产量法进行氮、磷、钾精准管理，相对于传统管理方式节肥 15%，大豆与玉米分别增产 2% 与 9%。郭军玲等（2016）基于 GIS 技术进行县域尺度土壤磷、钾养分推荐用量制图，制定区域氮磷钾养分配方图，促进了测土配方施肥项目结果的推广应用，为县域春玉米高产高效精准管理提供了参考依据。Torbett 等（2007）发现相对遥感数据、产量数据、管理区分区结果以及农户个人信息等其他数据，基于 GIS 技术以土壤养分网格数据为基础的精准磷、钾变量调控最为重要，可有效提高磷、钾肥的利用率。Nawar 等（2017）在英格兰 22 ha 农场内部，基于遥感、土壤网格取样以及产量数据，利用 GIS 技术结合管理区策略进行区域精准氮、磷、钾管理，结果发现相对传统统一肥料管理方式，精准管理方式能够促使油菜产量增加 3%，每公顷肥料净收益 518 元。因此，基于 GIS 技术进行区域尺度作物精准磷、钾管理有一定的节肥增效潜力。通过文献的查阅可知，基于 RS 与 GIS 相结合的精准养分管理集中报道大多在国外，对于我国村级尺度精准养分管理研究相对较少，有关研究仍需进一步深入开展。

1.3 科学问题的提出

目前，华北平原已建立田块尺度基于主动冠层遥感的冬小麦氮素诊断策略与精准管理（Cao et al., 2015），取得相对农户管理增产增效减排的效果（Cao et al., 2017）。由于我国以小农户经营为主体，拖拉机机载冠层遥感无法进行大农场经营下作物生育期内的大面积遥感诊断。卫星遥感可进行大面积作物氮素与长势的遥感监测，具有较好的诊断潜力（Huang et al.，2015），但遥感影像数据仍需考虑卫星的重访周期与天气等条件，很难在作物关键时期进行遥感诊断（Torres-Sánchez et al.，2013）。相对于地面冠层遥感与卫星遥感，无人机遥感具有低成本、操作简便、实用性好、风险小、可重复使用且受环境影响小，并具有高空间分辨率、高光谱分辨率与高时效性，是一项非常有前景的遥感手段（Araus & Cairns，2014）。考虑到农业遥感在田块与村级不同尺度中的应用，利用多旋翼无人机与固定翼无人机遥感的技术优势，结合传统氮素诊断的生物学机理，提出基于无人机遥感的田块尺度的作物精准氮素管理十分必要，这可为华北平原作物同时提高产量与养分利用效率提供技术支持与理论依据。因此，如何根据村级尺度作物在关键牛育期长势信息进行准确的氮素诊断与精准养分管理是本书所重点研究的。

基于上述研究进展分析，我们提出本研究的假设：①基于无人机遥感进行田块尺度诊断策略能够诊断冬小麦氮素状况，并定量地给出与冬小麦需求相匹配的推荐施氮量；②基于无人机遥感能够进行村级尺度的冬小麦氮素诊断，并结合土壤信息与 GIS 技术，定量地给出与冬小麦需求相匹配的养分供应量；③基于无人机 RS 与 GIS 技术的精准养分管理能够较好地适应空间变异，相对于农户管理能够提高肥料利用率与增加经济收益。

本研究针对华北平原农户养分管理不合理、较大产量与肥料利用率的提升潜力的问题，通过无人机 RS 与 GIS 技术，以期确定村级尺度下冬小麦氮素诊断策略与精准养分调控，评估与验证小农户自主管理模式下精准养分管理节肥增效潜力，实现化肥零增长下冬小麦高产高效、降低环境风险，为华北平原小农户绿色可持续发展提供科学依据。

1.4 研究内容

本研究针对冬小麦生产中肥料施用不合理，产量与肥料利用率相对较低、区域优化管理的限制与不足等问题，以实现冬小麦高产与高效资源利用为研究目标，以期建立基于无人机遥感的华北冬小麦村级精准养分管理技术体系，进一步提高产量与资源利用率，增加经济与环境效益。总体而言，主要研究内容包括以下 3 方面。

1.4.1 基于无人机遥感的冬小麦氮素实时诊断

基于多旋翼无人机多光谱 Mini-MCA 与固定翼无人机 eBee 多光谱遥感平台，获取冬小麦关键时期冠层光谱反射率，利用建模与验证集筛选反演冬小麦农学指标效果最优的植被指数，对比归一化植被指数与最优植被指数，评价了无人机遥感在当季关键生育期实时氮诊断的潜力。

1.4.2 基于无人机遥感的冬小麦精准氮素管理

应用多旋翼无人机 Mini-MCA 多光谱相机采集冠层光谱数据，利用氮肥优化算法进行田块尺度精准氮素管理。采用绿色窗口策略并结合村级氮素诊断结果，应用固定翼无人机 eBee 多光谱遥感采集冠层光谱数据，进行由田块尺度到村级尺度的无人机精准氮素管理策略。

1.4.3 基于 GIS 与 RS 的村级尺度土壤空间变异分析与精准养分管理

村级尺度下针对土壤与植物养分空间变异，应用地统计学方法的 GIS 平台，建立基于 GIS 与 RS 的村级冬小麦精准养分管理，并基于情景分析确定精准管理下村级尺度节肥增效潜力。

1.5　研究思路及技术路线

根据本研究的目的和内容设置了相应的技术路线（见图 1-3）。具体研究思路如下：首先对研究区域 (南夏村) 田块与村级尺度冬小麦关键生育期进行无人机多光谱遥感数据获取与处理，筛选植被指数或归一化植被指数与氮素重要参数（氮浓度、生物量、吸氮量）的最优关系模

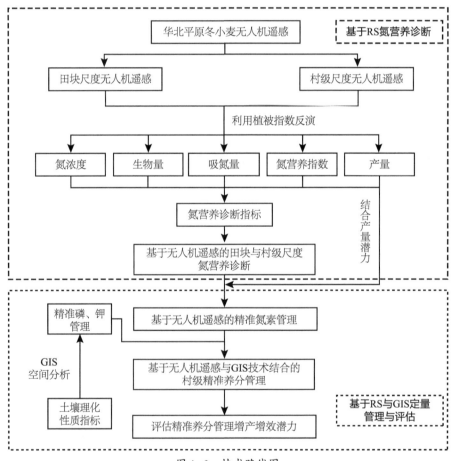

图 1-3　技术路线图

型，确定田块与村级尺度冬小麦关键生育期农学参数反演图。采用机理性或半经验性策略估测氮营养指数，根据氮营养指数阈值，定性诊断田块与村级尺度冬小麦氮素状况。在冬小麦拔节期遥感估测当季冬小麦产量潜力，采用绿色窗口策略，确定当季的区域施氮量，利用临界氮浓度曲线计算临界植株吸氮量与实际植株吸氮量差值，在区域施氮量的基础上减少或者补充，确定村级尺度的冬小麦精准氮肥管理方案。利用 GIS 空间插值与地统计学研究方法，分析村级尺度下土壤有机质、有效磷与速效钾等土壤理化性质的空间特征，根据多年遥感反演产量，确定村级尺度下的精准磷、钾管理策略。利用情景分析方法，系统评估基于 RS 与 GIS 相结合的精准养分管理策略下村级尺度节肥增效潜力。

2 >>>

研究区概况与试验设计

2.1 研究区概况

华北平原是我国最重要的农业种植区域之一，该区域主要种植模式为冬小麦—夏玉米轮作体系。典型研究区位于我国华北平原山东省乐陵市南夏村（37°43′N，17°13′E），村域面积约 100 ha，其中冬小麦耕种面积 53 ha，人均耕地面积 0.12 ha。该区域为暖温带半湿润大陆性季风气候，春季多西南风，冬季多东北、西北风，年均气温 12.4℃，年均降水量 527.1 mm，降水量年际变化较大。日照充足，年均日照 2509 h。年均无霜期 210 d，年 10℃以上积温 4348℃。典型研究区处于古黄河冲积平原，地势平坦。土壤类型为潮土，pH 值约为 7.4，土壤有机质含量为 $15.3 \pm 2.9 \ g \cdot kg^{-1}$，全氮含量为 $1.2 \pm 0.2 \ g \cdot kg^{-1}$，有效磷含量 $24.9 \pm 14.4 \ mg \cdot kg^{-1}$，速效钾含量 $124 \pm 30 \ mg \cdot kg^{-1}$（陈广锋，2018）。

2.2 氮梯度校准小区

基于 Cao 等（2017）与 Yue 等（2015）绿色窗口策略中的试验方法，设计本研究的氮梯度校准小区。试验起止时间为 2016—2018 年，进行了不同品种、不同氮水平以及氮肥管理的 6 个小区试验（具体小区遥感数据采集时间与播种时期见表 2-1）。

表 2-1　不同冬小麦品种具体播种与遥感数据采集时间

试验	年份	品种	播种日期	遥感时期			
				返青期 Feekes 5	拔节期 Feekes 6	孕穗期 Feekes 10	扬花期 Feekes 10.5
1	2016	山农 29	2015/10/30	2016/3/30	2016/4/17	2016/4/28	2016/5/7
2		济麦 22					
3	2017	良星 77	2016/10/19	2017/3/25	2017/4/1* 2017/4/2	2017/4/23	2017/5/9
4		济麦 22					
5	2018	良星 77	2017/10/20	—	2018/4/11*	—	—
6		济麦 22					

注：* 为固定翼无人机 eBee 遥感日期；其余均为多旋翼无人机遥感日期。

试验播种时间为 10 月中下旬，收获时间为次年 6 月上旬。济麦 22、良星 77、山农 29 作为供试品种，均为本研究地区的农户主栽品种。试验共分 6 个处理，3 次重复，随机区组排列 2 组，共 36 个小区，小区面积 70 m²。6 个氮肥梯度处理（折合纯氮）分别为：0 kg·ha⁻¹（N1）、120 kg·ha⁻¹（N2）、180 kg·ha⁻¹（N3）、240 kg·ha⁻¹（N4）、300 kg·ha⁻¹（N5）和农户管理处理（FM）。N1 ~ N5 处理氮肥分两次施用，40% 在播前基施，60% 在拔节期追施。磷肥全部基施，折合

P_2O_5 施用总量为 120 kg·ha^{-1}；钾肥分两次施用，折合 K_2O 施用总量为 75 kg·ha^{-1}，80％在播前基施，20％在拔节期追施。农户管理处理，采用农户经验施肥，磷肥全部以基施，折合 P_2O_5 施用总量为 180 kg·ha^{-1}；钾肥全部以基施，折合 K_2O 施用总量为 30 kg·ha^{-1}。所有小区除肥料以外的栽培管理参照当地的标准进行。氮水平小区分布图如图 2-1 所示，不同时期氮梯度小区 RGB 影像见图 2-2。

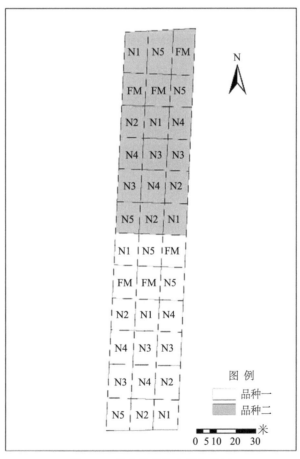

图 2-1　氮水平试验小区分布图

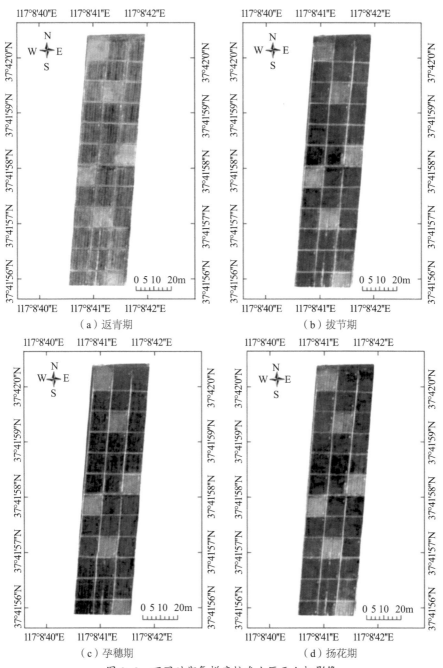

（a）返青期 （b）拔节期

（c）孕穗期 （d）扬花期

图 2-2 不同时期氮梯度校准小区无人机影像

2.3　遥感影像处理

2.3.1　无人机与传感器

（1）多旋翼无人机

本研究采用北方天途航空技术发展（北京）有限公司生产的八旋翼无人机系统（见图2-3）。该无人机使用零度双子星飞控系统，具备两套独立工作的 GPS、磁罗盘、IMU，在双子星地面站可同时监视两套独立传感器的状态。当任一传感器有偏差或错误时均会自动切换到另一套的相应传感器并给用户报警提醒，最大限度保障了设备安全。另外，在监测能力方面，通过手机端或电脑端地面站操作系统，可以快速设计航线，无人机自身能够根据预设航线自主飞行。无人机飞控单元预留有快门线接口，可控制传感器拍照。

八轴多旋翼无人机具体参数见表2-2所示。该无人机系统具有起降

图 2-3　八轴多旋翼无人机

灵活、场地无限制、方便携带、操作简单、飞行姿态稳定、可实现定点悬停等特点。另外，此系统还具有较强的任务载荷能力，可同时搭载多光谱相机和 RGB 相机，作业过程中同步获取研究区多光谱和 RGB 遥感影像，可满足本研究对遥感数据采集平台的要求。

表 2-2　八轴多旋翼无人机技术参数

技术名称	参数	技术名称	参数
尺寸（mm）	2200×2100×650	材质	碳纤维
重量（kg）	9.5	通讯半径（km）	5
轴距（mm）	1360	动力系统	聚锂合物电池
旋翼长度（mm）	460	巡航速度（m/s）	3.6～8
载重（kg）	8	爬升速度（m/s）	2～4
飞行半径（km）	1～5	巡航抗风能力	六级
飞行时间（min）	15～25	起降方式	垂直起降

（2）固定翼无人机 eBee

固定翼无人机与多旋翼无人机相比存在着较明显的优势，其续航时间长、飞行速度快、单架次作业面积大、效率较高等。本研究采用固定翼电动无人机 eBee SQ（senseFly，Parrot Group，Cheseaux-sur-Lausanne，Switzerland，见图 2-4），翼展 96 cm，起飞重量 0.63 kg，飞行时间 45 min，航速 10～16 m·s^{-1}，轻巧方便、操作简单、可直接手抛起飞，根据地面站对研究区域设计航线全自动飞行，飞行高度为 100 m，对研究区一般仅需 1～2 架次即可完成遥感数据采集任务，无人机主要参数见表 2-3，其特点表现如下：①操作便捷：起飞与着陆易于操作，机翼可拆卸，可更换；②智能化：起飞、飞行以及着陆均可实现自动化操作，按系统规划自动飞行并完成航摄任务；③安全性：机身利用空气

图 2-4　固定翼无人机 eBee 平台

动力学外形，品质优良耐用，飞行过程中稳定性较高，确保任务过程中的人机安全；④数据处理功能：能够对数据进行快速检测，生成高精度的正射影像，构建高精度的 3D 模型。

表 2-3　固定翼无人机 eBee 技术参数

技术名称	参数	技术名称	参数
翼展（mm）	2200	载重（kg）	1.1
速度（m/s）	11 ~ 30	飞行半径（km）	3 ~ 8
风阻（m/s）	< 12	飞行时间（min）	< 55

（3）无人机遥感传感器

本研究所采用的无人机遥感传感器包括佳能 7D 数码相机、Mini-MCA 多光谱相机与 Parrot Sequoia+ 多光谱相机（图 2-5）。各相机的基本参数见表 2-4。

八旋翼无人机搭载佳能 7D 数码相机和美国 Tetracam 公司生产的 Mini-MCA 多光谱相机。数码相机可获取试验田的高清正射影像，可以用于试验田小区规划、多光谱影像辅助拼接、试验田三维建模等。Mini-MCA 多光谱相机主要有高分辨率扫描件、成像光谱仪、采集镜

（a）佳能 7D 数码相机

（b）Mini-MCA 多光谱相机

（c）Parrot Sequoia+
多光谱相机

图 2-5　无人机遥感传感器

表 2-4　传感器参数

技术名称	佳能 7D	Mini-MCA 多光谱相机	Parrot Sequoia+多光谱相机
尺寸（mm）	148.6 × 112.4 × 78.2	6.66 × 5.32	95 × 41 × 27
重量（kg）	1.4	0.7	0.072
镜头焦距（mm）	56	9.6	3.98
像素（万）	2000	1300	120
视场角（degree）	23°	12°	61.9°
最大分辨率	5184 × 3456	1280 × 1024	1280 × 960
波段（nm）	全色	450 550 680 720 800	550 660 735 790
数据存储	CF 卡	CF 卡	SD 存储卡
供电	7.4V	12V	5V

头、入射光传感器和储存卡等部分组成。该相机包含 6 个通道，每个通道配备一个独立的传感器，通道以阵列式排布，排布方式为 2 排 3 列，如图 2-5 所示。入射光传感器（Incident Light Sensor，ILS）占用相机一个通道，其主要作用是存贮拍照瞬间的光照强度，其余五个通道搭载的传感器波段分别为蓝光（B，450 nm）、绿光（G，550 nm）、红光（R，680 nm）、红边（RE，720 nm）和近红外（NIR，800 nm）。每个传感器在光学探头上都固定着独立的探测器和滤光片。相机存储卡安

置于相机内部，负责对多光谱相机进行参数设置和拍摄数据的存储。该相机具有质量小、体积小、分辨率较高、可根据需要定制滤波波段的优点。另外，相机附带有快门线接口，方便与无人机连接，拓展了相机的应用范围。Mini-MCA 相机配备了专门的图像处理软件 PixelWrech2，本地电脑可以通过 Type-c 连接相机在 PixelWrech2 软件中设置相机的参数。

固定翼无人机 eBee SQ 配套搭载 Parrot Sequoia+ 多光谱相机，小巧轻便（质量为 75 g），可同时获取 4 个波段的光谱遥感数据（1200 万像素，1280×960 px），包括近红外（NIR，790 nm）、红边（RE，735 nm）、红光（R，660 nm）与绿光（G，550 nm），以及可见光 RGB 图像（1600 万像素，4608×3456 px）（见表 2-4）。该相机具有入射光传感器，可根据光照情况自动校准，从而获得反射率数据。

2.3.2　无人机遥感数据获取

无人机遥感数据获取主要有以下步骤：任务规划、航线设计、仪器参数设置、外业航行、数据检查等。采集选择晴朗、无云、无风的天气条件，北京时间 10:00—14:00 进行。试验使用的飞行控制系统可记录无人机在飞行过程中的位置姿态系统信息（position and orientation system，POS），留待后续拼接图像作几何校正。采集数据时先对研究区域进行无人机航线设计，通过飞行速度调节以保证航向重叠度，缩短航线间间距以保证旁向重叠度。本试验设置飞行高度为 100 m，拍照间隔设置为等距拍照，为了保证更多的影像可供后期筛选，将航向重叠率设置为 85%，旁向重叠率设置为 75%。起飞前手动进行多光谱相机拍照，检查指示灯闪烁情况。检查电压、姿态角、磁航向等指标，确定无异常后即可起飞。飞行完毕后下载无人机 POS 信息，并于当天进行快速拼接，检查数据的完整性。本研究中选取覆盖研究区域的无人机影像以及其对应曝光时刻的 POS 数据，数据完整齐全。拍摄野外控制点利用 RTK 进行测量，数量共计 8 个。

2.3.3　多光谱遥感影像处理

无人机遥感数据采集完成后下载姿态信息，获取遥感影像数据后检查有无曝光过度、曝光不足、遮挡等现象，无误后进行遥感数据处理工作。本研究使用了两种多光谱传感器进行遥感影像数据采集，其处理操作流程主要包括以下步骤。

（1）影像辐射定标

传感器获取目标地物的反射率或者辐射能量时，受传感器性能或外界环境的影响，获取的测量值与目标地物真实的光谱反射率值或光谱辐射亮度值等物理量之间往往是不完全一致的。同时，多光谱相机获取的数据是影像像元 DN 值，在本研究中所用的地物反射率，就需把 DN 值转化为反射率值，因此需要进行辐射定标操作。

Mini-MCA 多光谱相机采用相机配置的 Tetracam PixelWrench 2 软件进行格式转换、辐射校正、使用 IDL 编程语言对照片进行批处理进而合成多波段影像。Mini-MCA 多光谱相机的入射光传感器，主要由带通滤波片和光纤束组成，其中带通滤波片的排列方式与相机各通道是相互匹配的。校正原理是将 DN 值转换成反射率，通过将下行光强与反射光强相比并乘以校正系数完成。该文件可在 PixelWrench2 软件中进行读取，从而对遥感影像进行辐射校正。已有文献与本研究表明，仅采用光照传感器校正往往达不到更高精度。因此，本研究在光照传感器校正法基础上，结合线性校正法，通过校正相机定标文件的方法实现影像辐射校正。

经验线性校正法是建立每个波段的图像记录值和实际测量值两者之间的线性回归关系式，求其线性增量系数和偏差值，从而达到校正其他值的一种辐射校正方法。具体定标公式为：

$$Y_i = kX_i + b(i = 1,2,3,4,5) \qquad （式2-1）$$

式中，Y_i 代表第 i 波段的定标毯反射率；X_i 代表多光谱相机在第 i 波段的 DN 值；k 代表第 i 波段的相关系数，b 代表第 i 波段的增量。

本研究分别针对同一波段借助 ENVI 5.1（美国 Exelis Visual Information Solutions 公司）读取每块定标毯的平均 DN 值，代入公式，依据最小二乘准则，求出相关系数 k 和增量 b，进而得到 5 个波段的辐射定标模型，对需要校正的影像进行辐射定标，得到影像的反射率，定标前后影像 DN 值变为反射率的结果见图 2-6。

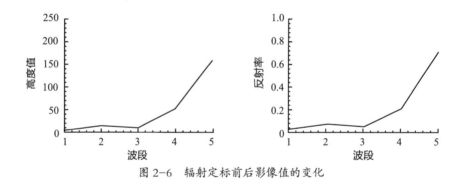

图 2-6　辐射定标前后影像值的变化

Parrot Sequoia+ 多光谱相机采用辐射校准板与自配光学传感器进行辐射定标（图 2-7）。其主要原理通过农作物反射的光照来捕捉辐照度，比对辐射校准板，并经过相关数据处理软件来解读辐照度值，最终确定遥感影像的反射率。此方法借助于辐射校准板，方便于同一区域多架次飞行时的遥感影像的辐射校正，以保证村级尺度下不同架次所获取遥感影像数据保持一致。

图 2-7　Parrot Sequoia+ 多光谱相机辐射校准板

（2）影像拼接

Mini-MCA 多光谱相机利用 PixelWrech2 软件对影像进行辐射定标后获取 5 个波段的单波段影像。为方便后续影像遥感变量的提取，需要对单波段的影像进行处理，主要分为两个部分为影像合成和影像拼接。操作流程分为以下 3 个步骤：首先，在 ENVI 5.1 环境下，利用 IDL 工具编写的程序对单波段的影像进行批量合成；然后，以合成影像的文件名为参考，对原始 POS 数据进行插值处理，保证 POS 信息与像片信息的一致性；最后，在 Agisoft PhotoScan 软件中对影像进行拼接，生成研究区多光谱正射影像。

本研究进行拼接前预处理。首先，依分辨率和前行方向变化信息，删除航带切换和起飞降落处无用的图像；其次，针对经纬度、滚动角等姿态信息，利用线性或多项式函数拟合模型得到每条航带每张影像唯一对应的姿态信息。

影像拼接采用 Agisoft PhotoScan 软件（俄罗斯 Agisoft LLC 公司）

进行。其主要拼接流程包括添加多光谱照片、对齐照片、控制点选取、生成密集点云、生成格网、生成正射影像、输出拼接影像。具体步骤如下：① 检查无人机影像质量，剔除视觉模糊、变形严重以及色彩异常的影像，加载 POS 数据并导入软件中；② 对齐影像，通过 Structure Form Motion（SFM）技术实现，主要用于优化每张相片对应曝光时刻的相机位置、构建一个稀疏的三维点云模型以及获取相机内部校准参数（焦距、主点位置和 3 个径向和 2 个切向畸变系数），并对可能存在的影像畸变差进行校正；③ 创建密集点云及格网模型，密集点云是基于影像像元值建立，基于点云生成格网模型，对模型不需要的面以及影像重叠不够引起的航空漏洞等现象进行人工编辑；④ 为格网模型创建纹理，并将制图模式设置为正射影像；⑤ 生成并输出 DOM 数字产品。

Parrot Sequoia+ 多光谱相机采用 Pix4D mapper 图像处理软件进行遥感影像的拼接。其流程简单易操作，基于摄影测量与多目重建原理，利用无人机遥感影像快速获取点云数据，并进行后期的加工处理。通过软件自动计算原始影像外方位元素，自动校准影像。在利用 Pix4D mapper 进行数据处理前，需要准备的数据包括：原始相片、POS 数据、坐标系统、中央经度、代号等。拼接操作流程主要包括以下 3 个步骤：首先，导入影像和航行数据；其次，进行野外影像质量检测，对其优化并生成影像质量报告；最后，利用 Pix4D 软件进行影像拼接，生成研究区多光谱正射影像。

（3）植被指数获取

影像波段配准与几何校正均采用基于地面控制点的方法进行，在 ArcGIS 10.0（美国环境系统研究所，ESRI）软件下完成。遥感影像光谱信息提取与遥感诊断制图分别采用 ENVI（美国 Exelis Visual Information Solutions 公司）和 ArcGIS 10.0 软件来完成。

八轴多旋翼无人机遥感影像的获取分别选在冬小麦生育的关键时期，即返青期（Feekes 5）、拔节期（Feekes 6）、孕穗期（Feekes 10）以及扬花期（Feekes 10.5），且均在晴朗无云、条件适合的天气下 10:00—14:00 进行，以确保影像高质量，具体遥感数据获取时间见表 2-1。本研究选用的 75 个植被指数如附录表 S-1 所示。

固定翼无人机 eBee 遥感影像的获取选在冬小麦生育的关键时期，即拔节期（Feekes 6），具体遥感数据获取时间见表 2-1。与无人机遥感相关的地面取样均保证同步进行，以确保遥感数据与地面数据匹配。本研究选用的 59 个植被指数如附录表 S-2 所示。

2.4　遥感影像质量评价

2.4.1　影像重叠度

影像重叠包括相邻相片所摄地物的重叠区域，有航向重叠和旁向重叠。重叠度以像幅边长的百分比表示。影像立体量测和连接就是依靠其重叠部分来进行的，航向重叠度（P）一般为 60% ~ 65%，旁向重叠度（Q）一般为 30% ~ 35%，公式如下：

$$P = \frac{l_x}{L_x} \times 100\% \qquad （式 2-2）$$

$$Q = \frac{l_y}{L_y} \times 100\% \qquad （式 2-3）$$

其中，l_x、l_y 表示航向重叠度和旁向重叠度部分的边长，L_x、L_y 表示像幅的边长。本研究为多光谱遥感影像拼接，受分辨率与特征点较少影响，为获得更好的拼接效果，无人机航线设定航向重叠率设置为

85%，旁向重叠率设置为 75%。图 2-8 为无人机小区试验拍摄的相邻影像，其中（a）（b）为旁向相邻，（c）（d）为航向相邻。

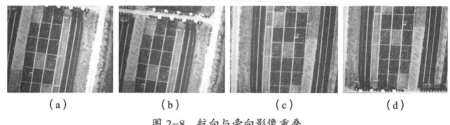

|（a）|（b）|（c）|（d）|

图 2-8　航向与旁向影像重叠

2.4.2　航线弯曲度和航高差

航线弯曲度是指航线两端影像像主点之间的连线 l 与偏离该直线最远的像主点到该直线垂直距离 d 的比值（见图 2-9）。航线弯曲度直接影响航向重叠度和旁向重叠度，如果弯曲度过大，则可能出现航摄漏洞，规范要求航线弯曲度不大于 3%。对航线弯曲度的检查可以首先利用无人机上的航带规划示意图（见图 2-10），初步了解整个航拍过程中航线的直线性，然后从图中找出弯曲度最大的一条航带，通过公式来精确计算其弯曲度。本研究影像弯曲度最大的一条航带为 12 ~ 13 航带，其弯曲度为 0.571%。

航高差是反映无人机在空中拍摄时飞行姿态是否平稳的重要指标，如果航高差变化过大，说明其在空中的姿态不稳定。《地形图航空摄影

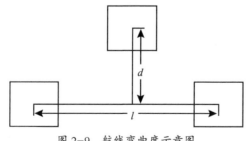

图 2-9　航线弯曲度示意图

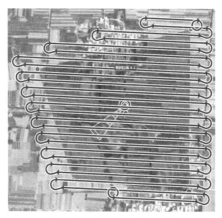

图 2-10 航带规划示意图

规范》对同一航线上相邻相片的航高差要求不得大于 30 m；最大航高与最小航高之差不得大于 50 m。本研究相邻相片航高差为 0.4 m，最大航高与最小航高之差为 3.2 m，说明本研究在获取影像数据飞行时无人机的空中姿态是十分稳定的，为获取高质量影像提供了保障。表 2-5 表明本研究所获取遥感影像的质量符合规范要求。

表 2-5 航线弯曲度和航高差

影像重叠度（%）				航线弯曲度（%）		航高差（m）			
航向要求	实测	旁向要求	实测	规范要求	实测	$h_{max}-h_{min}$ 要求	实测	h_1-h_2 要求	实测
> 60	85	> 30	75	< 3	0.571	< 50	3.2	< 30	0.4

注：$h_{max}-h_{min}$ 为同一航带上最大航高与最小航高之差；h_1-h_2 为同一航带上相邻像片的航高差。

2.4.3　影像几何校正处理

利用影像匹配时获得的同名点可以进行全图的快速拼接，但容易忽略地形起伏的影响，相邻影像在接边处可能存在明显的接边误差。本研究对原始 POS 数据进行插值处理，保证 POS 信息与照片信息的一致性，较好地解决了上述操作可能导致航拍漏洞问题。本研究利用 ArcGIS 软件，通过投影变换对其进行几何校正，几何校正共设置 8 个影像野外控制点，其中利用均匀布置的 8 个野外控制点进行精度评定。

精度评定采用量测图上坐标和实测坐标相对比的方法，表 2-6 和表 2-7 为平面位置精度评定表。在图像上通过添加均匀布置的 8 个控制点进行地理配准，经检验图像几何校正误差小于 0.5 个像元，经过校正的遥感影像见图 2-11。本研究获取的无人机遥感影像符合精度要求。

表 2-6　2017 年影像平面位置评价精度表

点号	X 源	Y 源	X 地图	Y 地图	M_x	M_y	M
1	1.0146	1.8221	0.8164	8.9491	0.1681	−0.1767	0.2439
2	8.4227	3.6363	8.7915	0.4310	0.2723	−0.0543	0.0608
3	0.9375	8.2538	1.4994	5.0237	−0.0682	−0.2330	0.2427
4	5.1990	9.4995	6.4635	6.4952	−0.0338	0.2049	0.2076
5	1.4044	9.9273	4.3697	7.7676	0.1535	−0.0756	0.1711
6	4.6585	1.5442	6.5167	9.4118	0.0162	−0.0459	0.0487
7	4.5527	9.4699	4.5203	7.1031	0.0160	0.2249	0.2254
8	1.1261	7.7285	1.9620	5.5125	−0.2790	0.1557	0.3195

注：M_x 为 X 方向中误差；M_y 为 Y 方向中误差：M 为点位中误差。

表 2-7　2018 年影像平面位置评价精度表

点号	X 源	Y 源	X 地图	Y 地图	M_x	M_y	M
1	0.2280	0.4905	0.8164	8.9491	−0.0640	−0.3307	0.3369
2	8.2288	1.3774	8.7915	0.4310	−0.2723	0.0860	0.2524
3	0.5682	6.3719	1.4994	5.0237	0.0877	−0.3458	0.3567
4	5.6904	7.2413	6.4635	6.4952	0.0000	0.1696	0.1696
5	3.1099	8.7777	4.3697	7.7676	0.1602	−0.0856	0.1816
6	5.5992	0.2174	6.5167	9.4118	−0.1247	−0.0985	0.1589
7	3.4616	7.8995	4.5203	7.1031	0.3494	0.3342	0.4822
8	1.1776	6.1491	1.9620	5.5125	−0.1756	0.2726	0.3243

注：M_x 为 X 方向中误差；M_y 为 Y 方向中误差：M 为点位中误差。

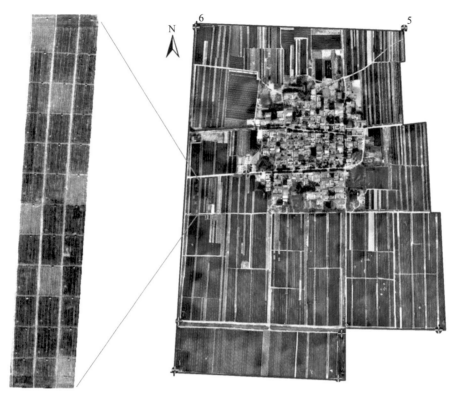

图 2-11 2017 年多旋翼无人机（实验小区）与固定翼无人机（南夏村）遥感影像拼接图

2.5 植物样品采集

2.5.1 小区取样

在冬小麦关键生育期（包括返青期、拔节期、孕穗期以及扬花期）进行光谱测定后立即取样。在每个取样时期选取小区内部具有代表性的区域 0.3 m^2（1 m × 0.3 m），用剪刀剪去冬小麦根后装入纸袋，带回实验室后置于烘箱中以 105℃杀青 30 min，在 75℃下烘干至恒重后称重，计算地上部生物量。取部分样品粉碎，用 H_2SO_4–H_2O_2 矿化消煮，采用凯氏定氮法测定植株氮浓度。植株吸氮量为地上部生物量与植株含氮浓度的乘积。华北平原冬小麦的临界氮稀释曲线参考 Yue 等（2012），根据如下公式进行计算：

$$N_c = 41.5 \times W^{-0.38} \qquad （式 2-4）$$

式中，N_c 是临界氮浓度（$g \cdot kg^{-1}$）；W 是地上部生物量干重（$t \cdot ha^{-1}$）

氮营养指数（NNI）作为重要的氮素诊断指标，被广泛地应用于作物氮素诊断（Lemaire et al., 2008）。在建立氮素诊断策略时，往往根据 NNI 阈值来诊断作物氮素状况，由此阈值的确定十分重要（Huang et al., 2015）。NNI 可由如下公式进行计算：

$$NNI = N_a / N_c \text{ 或 } PNU_a / PNU_c \qquad （式 2-5）$$

式中，N_a 是实测氮浓度（$g \cdot kg^{-1}$）；N_c 是临界氮浓度（$g \cdot kg^{-1}$）；PNU_a 是实测吸氮量（$kg \cdot ha^{-1}$）；PNU_c 是临界吸氮量（$kg \cdot ha^{-1}$）

根据本研究 3.1 中临界氮稀释曲线的评估结果，本研究将 NNI 阈值划分冬小麦不同氮素状况：氮不足（NNI<1.00）、氮适宜（$1.00 \leqslant NNI \leqslant 1.25$）、氮过量（>1.25）。

在成熟期进行冬小麦收获，具体方法如下：在各个小区主区进行过光谱测量的区域收割 3 个 1 m^2 的样方。人工脱粒后称重，并立即测定籽粒含水量（14%）。

2.5.2 村域取样

研究区域位于山东省乐陵市南夏村，总面积约为 100 ha。无人机遥感数据获取后 1 ~ 2d 内进行地面冬小麦植株样品的采集。2017 年与 2018 年分别采集了农户与小区试验的 150 个和 138 个地面植株样本。通过实时无人机遥感 NDVI 影像将全村冬小麦长势状态分为三级（不足、适宜、过量），并在每个长势等级内在全村范围选择具有代表性区域进行地面样品的采集。在村级尺度下设置控制点以便于遥感影像的几何校正以及取样信息的精准定位。在每个取样点，采用手持式差分 Trimble Ag332 GPS 进行定位，以便完全精准匹配无人机遥感光谱信息。同时录入每个取样点的实际小麦品种与播种密度。每个取样点紧贴地表切割地上部冬小麦植株，进行 $0.3\ m^2$（1 m×0.3 m）区域植株样品的获取。

2.6　土壤样品采集

本研究选取山东省乐陵市南夏村土壤有机质、全氮、碱解氮、有效磷、速效钾、酸碱度（pH）以及阳离子交换量（CEC）作为评价指标，采用 60 ～ 80 m 间隔"网格法"设置采样点 96 个，取样分布如图 2-12 所示，并用具有连续运行（卫星定位服务）参考站（CORS 系统）的 GPS 进行精准样点定位。采样时间为本研究试验开始冬小麦播种前进行，每个采样点在直径10 m 内按"W"形状采集5钻，用钢制土钻（直径 5 cm）采集 0 ～ 20 cm 耕层土壤，混合均匀后装入样品袋（2 ～ 3 kg）。土壤样品带回实验室内进行预处理，其中包括风干、去除石块、残茬、根系以及杂质等，并用玛瑙研钵研磨成粉末。土壤理化性质的分析测定依据土壤农化分析（鲍士旦，2000），具体测定方法如下：土壤有机质采用重铬酸钾容量法测定；土壤全氮采用凯氏定氮法（半微量法）测定，碱解氮采用碱解扩散法测定，有效磷采用碳酸氢钠—钼蓝比色法测定，速效钾采用乙酸铵提取火焰光度法测定；土壤 pH 使用酸度计采用电位法测定，土壤阳离子交换量（CEC）采用 EDTA- 乙酸铵盐交换法测定。每个取样点重复测定 5 次，以平均值确定土壤各个理化指标含量水平，确保试验结果的准确性。采集样本是记录样点地貌，并向当地农民咨询调查农田耕作状况、轮作制度、种植作物、施肥量、施肥方式、施肥类型、秸秆还田情况等。

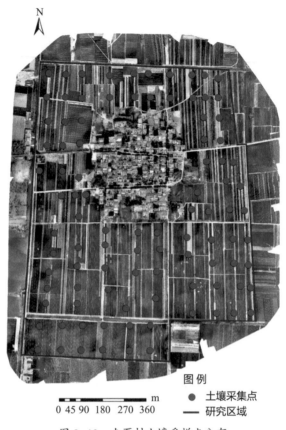

图例

● 土壤采集点

—— 研究区域

0 45 90 180 270 360 m

图 2-12 南夏村土壤采样点分布

2.7 土壤数据空间分析方法

为了更好地评估村级尺度土壤理化性质的空间变异特征，综合运用传统统计方法与地统计学方法对其分析。传统统计方法应用 SPSS 18.0（SPSS Inc.，Chicago，Illinois，USA）进行正态分布检验与描述性统计，其中包括研究村域土壤样品各项理化指标的均值、最大值、最小值、标准差及变异系数等。地统计学方法分析村域土壤理化指标的空间变异特征，采用 GS+9.0 进行半方差分析，根据残差值的大小选取最适合的半方差拟合模型。利用半方差变异函数相关分析结果在 ArcGIS 10.0 空间分析模块中实现 Kriging 空间插值，进行土壤采样点分布图与空间分析。

地统计学是以区域化变量理论为基础，以半方差函数作为基本工具的一种空间分析的数学方法（高义民等，2010）。半方差函数（半变异函数），能够评估区域变量的空间自相关性，是地统计学中研究土壤空间变异的重要函数。半方差函数可描述距离不同所带来的变量之间的空间变异结构，具体公式论述如下：

$$r(h) = \frac{1}{2N(h)} \sum_{i=1}^{N(h)} \left[z(X_i + h) - Z(X_i) \right]^2 \qquad （式 2-6）$$

其中：$r(h)$ 为半方差函数值，h 为样点间距［一定范围内 $r(h)$ 随 h 增大而增大］，$N(X_i)$ 为采样点 X_i 处的实测值，$N(X_i + h)$ 为与 X_i 距离 h 处的实测值。通过半变异函数的 4 个特征参数（变程、基台值、块金值以及块金系数），用以准确描述土壤特性的空间连续变异状况，以反映土壤养分状况不同距离观测值之间的变化。

Kriging 空间差值可根据区域变量原始数据与变异函数空间自相关程度来对未知点值进行线性无偏最优化估计的一种方法，也是地统计学中应用较为广泛最优的一种插值方法（马桦薇等，2015）。具体公式如下：

$$Z(x_0) = \sum_{i=1}^{n} \lambda_i \times Z(X_i) \qquad （式 2-7）$$

其中：$Z(x_0)$ 为未观察点 x_0 的内插估计值；$Z(X_i)$ 为 x_0 点附近若干点的实测值；λ_i 为半方差图中表示空间的权重。

2.8　氮素诊断与精准管理评估方法

2.8.1　氮素诊断评估方法

本研究采用一致度分析与 Kappa 方差分析来评估不同策略诊断其冬小麦氮素状况（不足、适宜、过量）。一致度分析表示在不同划分方法属于相同组别的小区数占小区总数的比例，而 Kappa 作为一种更严格的统计分析指标，考虑到了偶然因素的影响，在比较分类方法上更为科学（Campbell，2002）。根据 Landis 和 Koch（1977）的研究，Kappa 统计值可将两种方法的诊断结果的一致性划分为一般、中等与较好，相对应的 Kappa 值分别为 0.21 ～ 0.40、0.41 ～ 0.60 和 0.61 ～ 0.80。

2.8.2　精准氮素管理评估方法

氮肥利用率以氮肥偏生产力（PFP_N）来表示（Wang et al.，2019），具体公式如下：

$$氮肥偏生产力（kg \cdot kg^{-1}）= 籽粒产量 / 氮肥施用量 \quad （式 2-8）$$

精准氮素管理以氮肥净收益来评估经济效益。在本研究中不同处理间除了氮肥以外水、电、农药所发生的费用均一致，在计算经济收益时不予考虑。因此，氮肥净收益被定义为作物产量收益与氮肥费用之间的差额（Wang et al.，2019）。具体公式如下：

$$氮肥净收益（元 \cdot ha^{-1}）=（施用氮肥的籽粒产量 - 不施氮肥的$$
$$籽粒产量）\times 籽粒单价 - 氮肥用量 \times 氮肥单价 \quad （式 2-9）$$

其中，两年年均冬小麦单价为 2.4 元 $\cdot kg^{-1}$，氮肥单价为 3.7 元 $\cdot kg^{-1}$

2.8.3 村级尺度精准养分管理评估方法

本研究利用情景分析方法，评估村级尺度不同管理策略，分别是农户管理、区域优化管理、精准养分管理，分别对全村不同农户田块（250户）确定推荐氮肥、磷肥与钾肥的施用量，评估达到产量预期下精准养分管理所能达到减肥潜力与经济收益。

参考芦俊俊（2018）的研究，本章研究经济收益以农户管理作为对照，采用精准管理、区域优化管理与农户管理总肥料净收益之差进行评估，具体公式如下：

$$净收益之差（元 \cdot ha^{-1}）=（ROM 或 PM 籽粒产量 –FM 籽粒产量）\times$$
$$籽粒单价 –（ROM 或 PM 氮肥用量 –FM 氮肥用量）\times 氮肥单价 –$$
$$（ROM 或 PM 磷肥用量 –FM 磷肥用量）\times 磷肥单价 –$$
$$（ROM 或 PM 钾肥用量 –FM 钾肥用量）\times 钾肥单价 \quad （式 2–10）$$

其中，PM 为精准养分管理，ROM 为区域优化管理，FM 为农户管理。

受国家宏观调控与当地农业补贴等影响，冬小麦与肥料的价格波动不大，采用年均价格进行计算，籽粒产量、氮、磷与钾肥的单价分别为 $2.4 元 \cdot kg^{-1}$，N$3.7 元 \cdot kg^{-1}$，P_2O_5 $6.5 元 \cdot kg^{-1}$ 与 K_2O $3.7 元 \cdot kg^{-1}$。

2.9 统计分析

分别整合多年不同生育期小区试验数据和多年多点的村域数据，随机选取 67% 作为建模数据集，33% 作为验证数据集。氮素状况指标的平均值，标准差及变异系数（CV，%）等描述性统计分析均采用 Microsoft Excel（Microsoft Corporation, Redmond, Washington, USA）进行。植被指数与各氮素营养状况指标间的相关关系采用 SPSS

18.0（SPSS Inc.，Chicago，Illinois，USA）分析，筛选决定系数（R^2）最高的植被指数与对应的模型（二次项、对数、幂函数、指数函数）。各个回归模型也可应用均方根误差（RMSE）与相对误差（REr）来评估。R^2 越高、RMSE 和 REr 越低，意味着该模型估测植株氮素指标越准确。不同处理的比较均使用 SAS V8 软件进行方差分析（$P < 0.05$）。

3 >>>

基于无人机遥感的冬小麦氮素实时诊断

3.1 临界氮稀释曲线的建立与评估

为了评估华北平原典型区域冬小麦临界氮稀释曲线，Li 等（2012）和 Ziadi 等（2010）将不同施氮量下生物量大于 1 t · ha^{-1} 的数据分为两组，受氮素胁迫（N-limiting）和不受氮素胁迫（N-non-limiting）。将选取的数据点放在本研究的临界氮浓度稀释曲线上，91% 受氮素胁迫的点落在了曲线的下方，73% 不受氮素胁迫的点落在了曲线的上方，说明了曲线在本地区的适用性（图 3-1a）。

Yue 等（2012）临界标准曲线所计算的氮营养指数（NNI）与相对产量之间的关系模型如图 3-2 所示，模型可用线性平台模型与二次模型描述，R^2 分别为 0.75 和 0.78。当 $1.00 \leq NNI \leq 1.25$ 时，冬小麦相对籽粒产量达到平台或顶点，数值接近 1。当 NNI>1.25 时，相对籽粒产量开始下降。这一结果证实了临界氮稀释曲线的有效性，也说明了 NNI 可作为本地区冬小麦氮素状况的指标。根据此结果，本研究将不同施氮量、不同品种、不同地点和不同年份的小区试验数据分为三类：氮不足（NNI <1.00），氮适宜（$1.00 \leq NNI \leq 1.25$）和氮过量（NNI>1.25）。

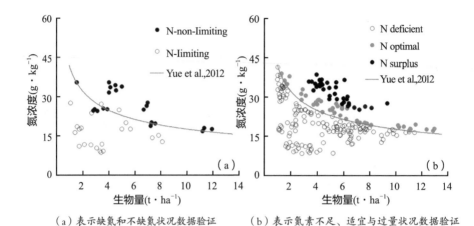

（a）表示缺氮和不缺氮状况数据验证　　（b）表示氮素不足、适宜与过量状况数据验证

图 3-1　氮水平试验不同氮素状况下的数据验证已有的华北平原冬小麦氮浓度稀释曲线

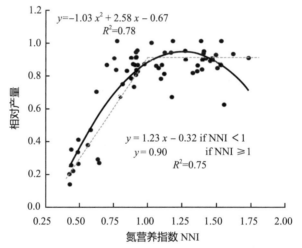

图 3-2　冬小麦相对产量和氮营养指数的相关关系

注：虚线表示线性加平台函数拟合；实线表示二次函数拟合。

同时，将所划分的数据放在临界氮浓度稀释曲线上，以评估曲线与 NNI 阈值的实用性。由图 3-1b 可知，氮过量的点均在氮稀释曲线上方，氮不足的点均在氮稀释曲线下方，而氮适宜的点均在曲线上或接近曲线。这些结果均说明了该曲线与所判定冬小麦氮素状况的 NNI 阈值在本研究地区的适用性。

3.2 不同氮素诊断策略

传统 NNI 指标测定需要进行破坏式取样，测定其地上部生物量与氮浓度，非常费时费力，而通过遥感估测 NNI 可快速无损得到作物氮素诊断结果（Cao et al., 2013；Houles et al., 2007；Mistele & Schmidhalter, 2008）。目前，基于多旋翼无人机遥感可用三种不同策略进行无损氮素诊断，其中包括两种机理性策略（NNI-PNC 策略与 NNI-PNU 策略）与一种半经验性策略（NNI-VI 策略）。

（1）NNI-PNC 策略

利用归一化植被指数（NDVI、NDRE、GNDVI 与 BNDVI）与最优植被指数估测植株氮浓度与生物量，临界氮浓度可以根据临界稀释曲线与生物量来获得，最终根据定义公式计算 NNI，再由 NNI 阈值诊断该作物是否缺氮。

（2）NNI-PNU 策略

利用归一化植被指数与最优植被指数估测植株吸氮量与生物量，临界吸氮量可以通过临界氮浓度与生物量的乘积来获得，最终根据定义公式计算 NNI，由 NNI 阈值诊断该作物是否缺氮。

（3）NNI-VI 策略

利用归一化植被指数与最优植被指数直接估测 NNI，根据 NNI 阈值诊断该作物是否缺氮。

对于村级尺度，由于不同田块变异大，仅采用以上三种策略进行固定翼无人机遥感的冬小麦氮素诊断策略可能达不到诊断的精准度。因此，参考 Lu 等（2017）的研究，基于固定翼无人机遥感可采用另一种半经验策略，即 NNI-NSI 策略。具体方法如下：以归一化植被指数与最优植被指数计算氮充足指数（NSI），根据各时期与植被指数的 NSI 与 NNI 的相关关系模型，由 NNI 阈值分别确定 NSI 阈值，进而直接用 NSI 阈值来诊断作物氮素状况。

在本研究中，以校准小区施氮量 300 kg·ha⁻¹ 处理作为氮充足田块，用以计算 NSI，具体计算公式为：

NSI = 村级取样点植被指数 / 氮充足田块植被指数　（式 3-1）

根据本研究的结果，NSI_NDRE（归一化植被指数）、NSI_REWDRVI（最优植被指数）与 NNI 相关关系最好，因而以此进行村级尺度 NNI-NSI 策略冬小麦氮素诊断。具体的 NSI 阈值分别为：氮不足（NSI_NDRE<0.74 或 NSI_REWDRVI>1.06）；氮过量（NSI_NDRE>1.00 或 NSI_REWDRVI<1.00）；其余阈值为氮适宜。

3.3　田块尺度冬小麦氮素诊断评估

3.3.1　冬小麦氮素指标的变异

在多旋翼无人机遥感数据集，冬小麦氮素指标表现出很大的变异（表 3-1）。对于全时期（包括各关键生育期）下建模数据集，生物量变异最大，变异系数达 67.7%，随后的变异系数排序为吸氮量（63.3%）、氮浓度（34.8%）、NNI（34.1%）。冬小麦生物量与吸氮量随时期推移而增加，氮浓度却随时期由 28.3 g·kg⁻¹ 逐渐降低到 17.6 g·kg⁻¹。不同的农学指标的验证数据集也表现出与建模数据集类似的变异。另外，本研究在冬小麦关键时期（返青至拔节期）进行氮素诊断，此时冬小麦生长迅速，生物量与吸氮量相比孕穗扬花期表现出更大的变异。进入孕穗期以后，冬小麦进入了生殖生长阶段且追施氮肥有利于植株氮素累积与转移，氮浓度与 NNI 表现出更大的变异。

表3-1 地上部生物量、植株全氮浓度、植株吸氮量及氮营养指数的描述性统计分析

	生物量（t·ha⁻¹）			氮浓度（g·kg⁻¹）			吸氮量（kg·ha⁻¹）			氮营养指数		
	Mean	SD	CV	Mean	SD	CV	Mean	SD	CV	Mean	SD	CV
建模数据集												
返青－拔节期（n=88）	2.29	1.46	63.9	28.3	6.53	23.1	65.5	47.6	72.7	0.90	0.30	33.3
孕穗－扬花期（n=88）	6.45	2.60	40.3	17.6	5.22	29.7	116.9	55.7	47.6	0.86	0.30	35.0
全时期（n=176）	4.37	2.96	67.7	22.9	7.97	34.8	91.2	57.8	63.3	0.88	0.30	34.1
验证数据集												
返青－拔节期（n=44）	2.13	1.38	64.6	29.1	6.13	21.1	63.0	45.4	72.0	0.91	0.30	32.6
孕穗－扬花期（n=44）	6.49	2.57	39.5	17.7	5.38	30.4	118.7	55.7	47.0	0.87	0.30	35.0
全时期（n=88）	4.31	3.00	69.6	23.4	8.10	34.6	90.8	57.8	63.6	0.89	0.30	33.7

注：Mean，SD与CV分别表示平均值，标准差以及变异系数（%）。

3.3.2 机理性策略估测氮营养指数

不同的氮水平、品种、生长时期以及年份条件下，归一化植被指数与最优植被指数估测冬小麦生物量、氮浓度和吸氮量表现不同（表3-2）。

在返青拔节期与孕穗扬花期，NDRE与GNDVI分别能够解释87%和72%生物量的变异，而在这两个时期相应的最优植被指数分别为$REVI_{opt}$与MSR_B，也分别表现出相似（87%）和略好（74%）的评估能力。在全时期，归一化植被指数与最优植被指数均能解释80%以上生物量的变异且无明显差异。验证数据集与建模数据集结果类似（图3-3）。综合整个时期，归一化植被指数（NDRE与GNDVI）与最优植被指数表现出类似的生物量预测能力，R^2、RMSE和RE_r为0.84～0.87、1.08～1.19 t·ha^{-1}和25.1%～27.7%。

TVI、GI与MREDVI被分别选为返青拔节期、孕穗扬花期以及全时期估测氮浓度最优植被指数。在返青拔节期与全时期，所有的植被指数估测氮浓度均R^2较低（小于0.30），而在孕穗扬花期，GI（R^2=0.70）与NDRE（R^2=0.63）表现出较好的估测能力。验证数据表明，分时期最优植被指数预测整个时期氮浓度效果较好，R^2、RMSE和RE_r分别为0.74、4.26 g·kg^{-1}和18.2%（图3-3）。由于NDRE在抽穗期具有较好的验证效果而在幼穗至拔节期表现较差，从整个时期来看，NDRE较最优植被指数略差，R^2、RMSE和RE_r分别为0.63、4.96 g·kg^{-1}和21.2%。

估测吸氮量最优植被指数均为红边指数，其中RERVI作为返青拔节期最优植被指数，R^2为0.81；$REVI_{opt}$与MSR_RE作为孕穗扬花期最优植被指数，R^2为0.87～0.89。NDRE估测吸氮量效果较好，与

表3-2　归一化植被指数、最优植被指数与田块尺度冬小麦地上部生物量、植株氮浓度、植株吸氮量以及氮营养指数的相关关系

		返青-拔节期			孕穗-扬花期			全时期		
		指数	模型	R^2	指数	模型	R^2	指数	模型	R^2
生物量 (t·ha⁻¹)	归一化植被指数	NDVI	E	0.84	NDVI	E	0.70	NDVI	E	0.80
		NDRE	E	0.87	NDRE	E	0.70	NDRE	E	0.81
		GNDVI	E	0.86	GNDVI	E	0.72	GNDVI	E	0.82
		BNDVI	Q	0.82	BNDVI	E	0.73	BNDVI	E	0.83
	最优植被指数	MSR_RE	P	0.87	MSR_B	E	0.74	BRVI	P	0.85
		REVI$_{opt}$	P	0.87	BRVI	P	0.74	BWDRVI	E	0.85
		NNIRI	E	0.87	BWDRVI	E	0.74	MSR_B	P	0.85
		RERVI	P	0.87	MSR_G	P	0.73	RVI	P	0.83
氮浓度 (g·kg⁻¹)	归一化植被指数	NDVI	Q	—	NDVI	E	0.58	NDVI	Q	0.05
		NDRE	Q	0.03	NDRE	E	0.63	NDRE	Q	0.04
		GNDVI	Q	0.01	GNDVI	E	0.55	GNDVI	Q	0.03
		BNDVI	Q	0.01	BNDVI	E	0.56	BNDVI	Q	0.06
	最优植被指数	DVI	Q	0.29	GI	E	0.70	MREDVI	Q	0.21
		TVI	Q	0.29	SAVI*SR	E	0.69	TCI/OSAVI	Q	0.20
		MCARI1	Q	0.29	RERDVI	E	0.69	GI	Q	0.19
		EVI	Q	0.28	VI$_{opt}$	Q	0.69	MSRGR	Q	0.19

续表

		返青–拔节期			孕穗–扬花期			全时期		
		指数	模型	R^2	指数	模型	R^2	指数	模型	R^2
吸氮量 （kg·ha⁻¹）	归一化植被指数	NDVI	Q	0.74	NDVI	E	0.86	NDVI	E	0.78
		NDRE	Q	0.81	NDRE	E	0.89	NDRE	E	0.86
		GNDVI	E	0.76	GNDVI	E	0.86	GNDVI	E	0.82
		BNDVI	E	0.72	BNDVI	E	0.87	BNDVI	E	0.77
	最优植被指数	REOSAVI	Q	0.83	REVIopt	E	0.89	MSR_RE	E	0.87
		RERVI	Q	0.82	RERVI	P	0.89	REWDRVI	E	0.87
		REWDRVI	Q	0.82	REWDRVI	E	0.89	REVIopt	E	0.87
		MSR_RE	Q	0.82	MSR_RE	E	0.89	RERVI	P	0.87
氮营养指数	归一化植被指数	NDVI	Q	0.49	NDVI	E	0.73	NDVI	Q	0.39
		NDRE	Q	0.59	NDRE	E	0.86	NDRE	Q	0.45
		GNDVI	Q	0.44	GNDVI	LOG	0.66	GNDVI	Q	0.35
		BNDVI	Q	0.46	BNDVI	E	0.81	BNDVI	Q	0.31
	最优植被指数	MRESAVI	Q	0.68	REOSAVI	E	0.88	MCCCI	P	0.54
		MSAVI	Q	0.68	SAVI*SR	P	0.86	DATT	P	0.52
		RESAVI	Q	0.68	RERVI	P	0.86	MTCI	P	0.51
		MCARI2	Q	0.68	REVIopt	E	0.86	MSRGR	Q	0.48

注：Q、E、P和LOG分别代表二次项、指数、幂函数及对数模型。

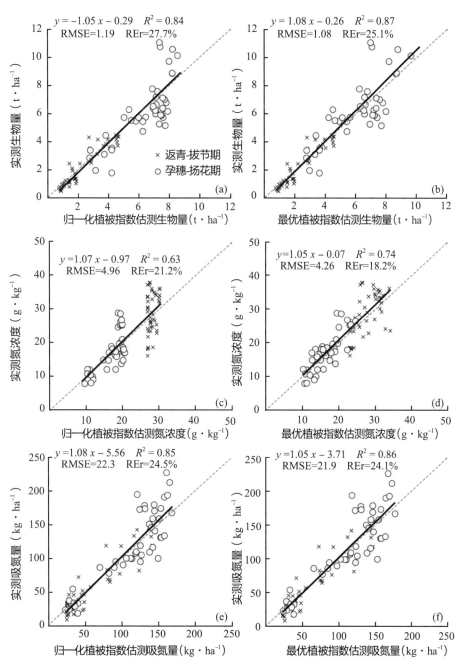

图3-3 归一化植被指数、最优植被指数与田块尺度冬小麦地上部生物量、植株氮浓度
以及植株吸氮量关系模型的验证

注：实线表示线性回归模型；虚线表示 1∶1 线。

最优植被指数类似，R^2 为 0.81 ~ 0.89。验证数据显示，综合全时期来看 NDRE 与最优植被指数具有相同的预测能力（R^2=0.85 ~ 0.86）（如图 3-3）。

基于上述结果，本研究对冬小麦各个时期生物量、氮浓度与吸氮量进行反演（归一化植被指数反演图见附录图 S-1 与 S-2），并根据反演结果采用材料与方法中的两种机理性策略（NNI-PNC 和 NNI-PNU）估测 NNI，其验证结果如图 3-4 所示。综合全时期来看，两种利用机理性策略验证效果类似。不考虑植被指数的选择，NNI-PNU（R^2=0.68 ~ 0.70）策略验证效果类似于 NNI-PNC（R^2=0.69 ~ 0.70）。利用归一化植被指数与最优植被指数两种机理性策略均无显著差异（R^2=0.68 ~ 0.70，RMSE=0.17 ~ 0.18 和 REr=18.6% ~ 19.8%）。

3.3.3 半经验性策略估测氮营养指数

不同的氮水平、不同品种、不同生长时期以及不同年份条件下，利用归一化植被指数与最优植被指数估测 NNI 结果如表 3-2 所示。无论选用归一化植被指数还是最优植被指数估测 NNI，红边植被指数均与 NNI 表现出较好的相关关系，NDRE 为四个归一化植被指数中表现最好的。各个时期或全时期均被选为最优植被指数，分别为 MRESAVI、REOSAVI 和 MCCCI。在返青拔节期或全时期，最优植被指数表现最好，能够解释 54% ~ 68% 的 NNI 变异；NDRE 估测 NNI 表现次之，可解释 45% ~ 59% 的 NNI 变异。不管哪种植被指数，孕穗扬花期估测效果显著优于返青拔节期或全时期，REOSAVI 与 NDRE 估测效果较好且无明显差异，能够解释 86% ~ 88% 的 NNI 变异（见表 3-2）。

验证结果表明，综合全时期来看，利用 NDRE 与最优植被指数（MRESAVI 与 REOSAVI）运用 NNI-VI 半经验性策略预测 NNI 效果与

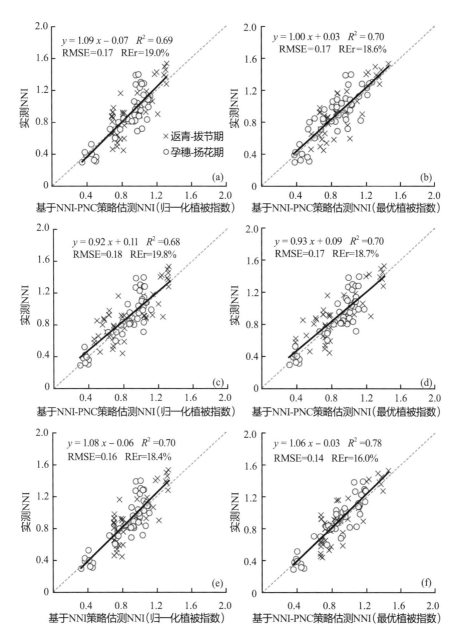

图 3-4　采用归一化植被指数（a、c、e）与最优植被指数（b、d、f）最优模型的两种
机理性（a 与 b、c 与 d）与一种半经验性（NDRE 为 e、MRESAVI 与 REOSAVI 为 f）
氮素诊断策略估测氮营养指数关系模型的验证

注：图中半经验性诊断策略重归一化植被指数与最优植被指数全部使用图 2-3 估测生物量、氮浓
度与吸氮量的植被指数；实线表示线性回归模型；虚线表示 1∶1 线。

建模结果类似，且无明显差异（R^2=0.70 ~ 0.78，RMSE=0.14 ~ 0.16 和 REr=16.0% ~ 18.4%）（见图 3-4）。最优植被指数的验证结果最好（图 3-4）。基于上述结果，本研究对冬小麦各个时期 NNI 进行反演（归一化植被指数反演图见附录图 S-3）。

3.3.4　田块尺度氮素诊断策略比较

为了评估这三种不同氮素诊断策略诊断的准确性，我们在验证数据集，根据各策略预测得到 NNI 值，参照本研究 NNI 阈值范围将其划分为三类：氮不足、氮适宜及氮过量，并将不同诊断策略的诊断结果与根据化学分析策略的诊断结果比较，从而评价与比较基于多旋翼无人机多光谱遥感不同氮素诊断策略的准确性。

本研究采用一致度分析与 Kappa 方差分析来评估不同的氮素诊断策略诊断冬小麦氮素状况如表 3-3 所示。从结果上看，无论这三种策略中的哪一种，最优植被指数均表现出无人机多光谱遥感最好的氮素诊断潜力：一致度为 68% ~ 86%，Kappa 为 0.38 ~ 0.69。在返青拔节期，最优植被指数运用 NNI-PNC、NNI-PNU 和 NNI-VI 策略可以取得较高的一致度（84% ~ 86%），而采用归一化植被指数，NNI-PNC 与 NNI-VI 策略也可以取得相同的一致度（86%）。在孕穗扬花期，最优植被指数运用所有策略（一致度 68% ~ 75%）诊断表现略差于返青拔节期，其中 NNI-PNC 策略一致度最好（75%）。除了 NNI-PNU，采用归一化植被指数也可以获取最优植被指数类似准确性（一致度 75%；Kappa 为 0.45 ~ 0.46）。

综合来看，三种策略中采用不同的植被指数，机理性 NNI-PNC 策略与半经验性 NNI-VI 策略均能获取稳定的氮素诊断表现。其中运用 NNI-VI 策略最为简便，在返青拔节期与孕穗扬花期，采用归一化植被指数（NDRE）（一致度 73% ~ 86%；Kappa 为 0.45 ~ 0.69）分别能够与采用最优植被指数策略获得最好的诊断结果（一致度 70% ~ 86%；Kappa 为 0.41 ~ 0.66）。

表 3-3　不同氮素诊断策略一致度与 Kappa 分析

指数	策略	一致度（%）			Kappa 分析		
		返青-拔节期	孕穗-扬花期	全时期	返青-拔节期	孕穗-扬花期	全时期
归一化植被指数	NNI-PNC	86	73	80	0.69	0.46	0.57
	NNI-PNU	80	73	74	0.59	0.34	0.47
	NNI-VI	86	73	80	0.69	0.45	0.57
最优植被指数	NNI-PNC	84	75	80	0.62	0.48	0.55
	NNI-PNU	86	68	77	0.69	0.38	0.53
	NNI-VI	86	70	78	0.66	0.41	0.54

在 2016 年和 2017 年拔节期追肥之前，运用最方便且表现最好的诊断策略，即运用 NDRE 采用 NNI-VI 策略进行氮水平试验田块多旋翼无人机遥感诊断图（图 3-5 与图 3-6 所示）。随着施氮量的不断增加，冬小麦的氮素状况变化为不足—适宜—过量。2016 年，大多数田块表现出氮不足，而 2017 年除不施氮田块外，更多的田块均被诊断为氮适宜或者氮过量。由于无人机多光谱影像空间分辨率为厘米级，因此两年均能看到小区田块内部的冬小麦氮素变异，且随着施氮量增加氮素变异越小，这有利于对小区田块内部进行精准氮素调控。

3.4　村级尺度冬小麦氮素诊断评估

3.4.1　冬小麦氮营养指标的变异

固定翼无人机遥感数据集中，冬小麦氮素状况的农学指标表现出

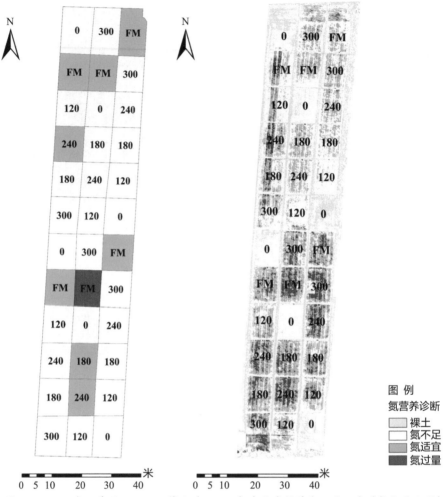

图 3-5　2016 年，基于 NNI-VI 策略（NDRE）冬小麦拔节期田块尺度（氮水平小区）
无人机遥感氮素诊断

注：氮水平小区试验中 0、120、180、240 与 300 分别表示 0、120、180、240 与 300kg N·ha^{-1}；
FM 为农户氮素管理。

很大变异（表 3-4）。对于全时期建模数据集，生物量与吸氮量具有类似较大变异，两年变异系数分别为 45.5% 与 47.8%，且两者 2017 年均值大于 2018 年。氮浓度与 NNI 具有相对较小的变异，两年变异系数分

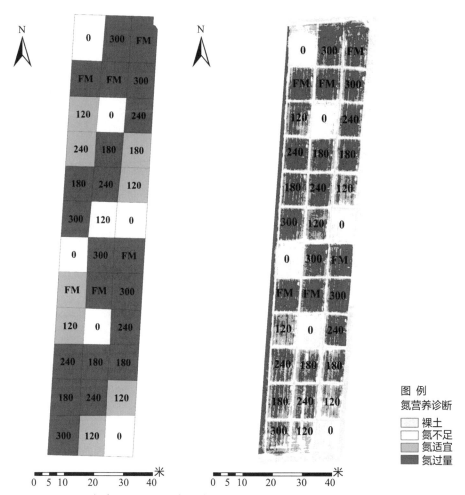

图 3-6　2017 年基于 NNI-VI 策略（NDRE）冬小麦拔节期田块尺度（氮水平小区）
无人机遥感氮素诊断

注：氮水平小区试验中 0、120、180、240 与 300 分别表示 0、120、180、240 与 300kg N·ha⁻¹；
FM 为农户氮素管理。

别为 20.4% 与 25.5%，且两者 2017 年均值小于 2018 年。不考虑年份、
建模与验证数据集，NNI 两年均值为 1.13 和 1.23。考虑 NNI 阈值，这
说明整个区域冬小麦氮素状况属于适宜至过量。验证数据集与建模数据
集有类似的变异。较大的取样指标的变异有助于村级尺度无人机 eBee

多光谱对冬小麦遥感氮素诊断评估。

表 3-4 地上部生物量、植株全氮浓度、植株吸氮量及氮营养指数的描述性统计分析

		生物量（t · ha⁻¹）			氮浓度（g · kg⁻¹）			吸氮量（kg · ha⁻¹）			氮营养指数		
		Mean	SD	CV	Mean	SD	CV	Mean	SD	CV	Mean	SD	CV
建模数据集	2017 年（n=101）	3.41	1.40	40.9	29.8	5.62	18.9	104.6	50.9	48.7	1.13	0.32	28.5
	2018 年（n=91）	2.50	1.14	45.5	36.8	5.92	16.1	91.5	41.5	45.4	1.23	0.27	21.7
	两年（n=192）	2.98	1.36	45.5	33.1	6.75	20.4	98.4	47.0	47.8	1.18	0.30	25.5
验证数据集	2017 年（n=49）	3.32	1.23	37.2	30.2	4.88	16.1	101.9	44.0	43.2	1.14	0.28	24.3
	2018 年（n=47）	2.54	1.17	46.1	36.4	4.76	13.1	92.9	44.9	48.4	1.23	0.27	22.1
	两年（n=96）	2.94	1.26	42.9	33.3	5.72	17.2	97.5	44.5	45.6	1.18	0.28	23.4

注：Mean、SD 与 CV 分别表示平均值，标准差及变异系数（%）。

3.4.2 机理性策略估测氮营养指数

不同的氮水平、不同管理、不同品种、不同地点及不同年份条件下，归一化植被指数（NDVI、NDRE、GNDVI）与最优植被指数估测冬小麦生物量，氮浓度和吸氮量表现见表 3-5。

最优植被指数 NNIRI 能够解释 72% 的生物量变异，归一化植被指数表现出类似的估测效果，能够解释 62% ~ 70% 的生物量变异。验证数据集与建模数据集结果类似（图 3-7）。NDVI 与最优植被指数表现出反演生物量类似验证结果，R^2、RMSE 和 REr 为 0.62 ~ 0.64、0.77 ~ 0.78 t · ha⁻¹ 和 26.2% ~ 26.7%。

表 3-5　归一化植被指数与最优植被指数或所计算出氮充足指数与冬小麦地上部生物量、植株氮浓度、植株吸氮量及氮营养指数的相关关系

	归一化植被指数			最优植被指数		
	Index	Model	R^2	Index	Model	R^2
生物量 ($t \cdot ha^{-1}$)	NDVI	E	0.70	NNIRI	P	0.72
	NDRE	P	0.70	MSR	P	0.71
	GNDVI	E	0.62	TNDVI	E	0.70
氮浓度 ($g \cdot kg^{-1}$)	NDVI	Q	0.02	MCCCI	Q	0.15
	NDRE	P	0.01	PSRI	Q	0.09
	GNDVI	Q	0.03	GRD	Q	0.09
吸氮量 ($kg \cdot ha^{-1}$)	NDVI	Q	0.58	$REVI_{opt}$	P	0.64
	NDRE	P	0.64	MSR_RE	P	0.64
	GNDVI	E	0.46	TNDGR	P	0.64
NNI	NDVI	Q	0.31	TNDGR	Q	0.46
	NDRE	Q	0.39	NDGR	Q	0.46
	GNDVI	Q	0.20	GI	Q	0.46
NNI-NSI	NSI_NDVI	Q	0.44	NSI_ REWDRVI	Q	0.57
	NSI_NDRE	Q	0.52	NSI_REDVI	Q	0.57
	NSI_GNDVI	Q	0.44	NSI_RERVI	Q	0.56

注：NNI-NSI 表示用氮充足指数估测氮营养指数；Q、E 和 P 分别代表二次项、指数及幂函数模型。

MCCCI（R^2=0.15）、PSRI（R^2=0.09）、GRD（R^2=0.09）被筛选出作为估测氮浓度的最优前三植被指数，但估测效果较差。归一化植被指数与氮浓度相关关系也表现不足（R^2=0.01 ~ 0.03）。验证数据集与建模数据集结果类似。MCCCI 与 GNDVI 验证效果也较差，R^2、RMSE和 REr 为 0.03 ~ 0.15、5.29 ~ 5.62 $t \cdot ha^{-1}$ 和 15.9% ~ 16.9%。

REVI$_{opt}$、MSR_RE、TNDGR 均为红边植被指数，作为前三最优植被指数，表现出较好的吸氮量估测（R^2=0.64）。归一化植被指数 NDRE

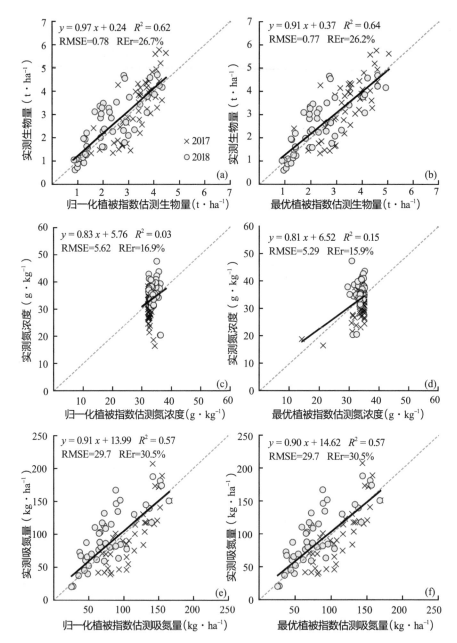

图3-7 归一化植被指数、最优植被指数与冬小麦地上部生物量、植株氮浓度及植株吸
氮量关系模型的验证

注：实线表示线性回归模型；虚线表示1∶1线。

表现出相同较好的估测吸氮量效果（R^2=0.64）。验证数据集与建模数据集结果类似，NDRE 与最优植被指数具有相同的预测能力（R^2=0.57）。

基于上述结果，本研究对冬小麦各个时期生物量与吸氮量进行固定翼无人机遥感反演结果见图 3-8 与图 3-9。由图可见，全村生物量与吸氮量变异较大，归一化植被指数与最优植被指数差异不明显。

本研究根据反演结果采用材料与方法中的两种机理性策略（NNI-PNC 和 NNI-PNU）估测 NNI，其验证结果如图 3-10 所示。NNI-PNU（R^2=0.39）策略验证效果略优于 NNI-PNC 策略（R^2=0.29 ~ 0.38）。无论选用哪种机理性策略，利用最优植被指数预测 NNI 效果（R^2 =0.38 ~ 0.39,

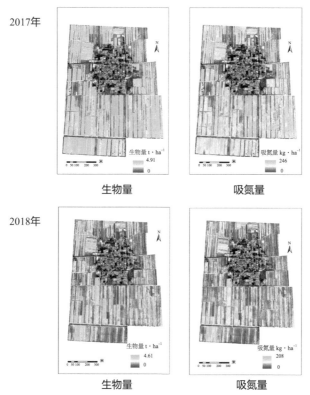

图 3-8　基于无人机遥感采用归一化植被指数村级尺度下
生物量与吸氮量的反演图

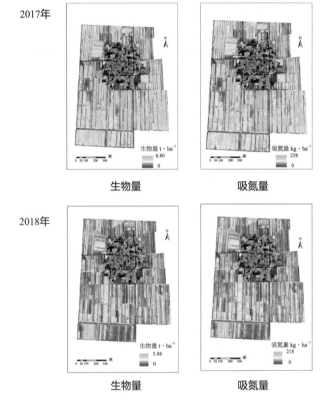

图 3-9 基于无人机遥感采用最优植被指数村级尺度下生物量与吸氮量的反演图

RMSE=0.22 ~ 0.23 和 REr=18.6% ~ 19.2%）略优于归一化植被指数（R^2=0.29 ~ 0.39，RMSE=0.22 ~ 0.23 和 REr=18.8% ~ 19.7%）。

3.4.3 半经验性策略估测氮营养指数

不同的氮水平、管理、品种、地点及年份条件下，利用不同植被指数与基于不同植被指数的 NSI 估测 NNI 结果如表 3-5 所示。无论是最优植被指数还是归一化植被指数，估测 NNI 的表现均不佳（R^2<0.50）。相对于植被指数（R^2=0.20 ~ 0.46），NSI 表现出与 NNI 更好的相关性（R^2=0.44 ~ 0.57）。红边植被指数的 NSI、NSI_REWDRVI、

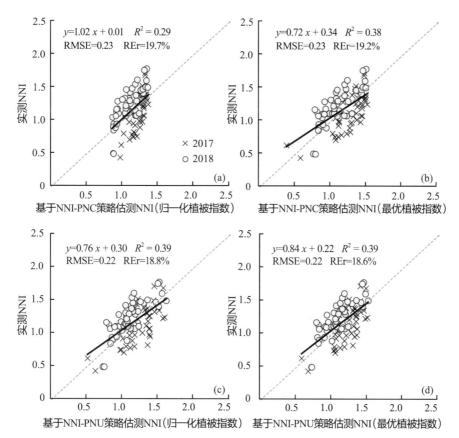

图 3-10　基于无人机遥感采用归一化植被指数（a、c）与最优植被指数（b、d）最优模型的两种不同机理性氮素诊断策略（NNI-PNC 为 a 与 b、NNI-PNU 为 c 与 d）估测氮营养指数关系模型的验证

注：图中归一化植被指数分别采用 NDVI、GNDVI 和 NDRE 最优模型分别估测生物量、氮浓度或者吸氮量；最优植被指数全部使用图 4-2 估测生物量、氮浓度与吸氮量的最优植被指数；实线表示线性回归模型；虚线表示 1:1 线。

NSI_REDVI、NSI_RERVI 均表现出较好 NNI 估测能力，能够解释 56% ~ 57% 的 NNI 变异。而 NSI_NDRE 具有相似的估测效果，可以解释 52% 的 NNI 变异。

验证结果表明，综合全时期来看，利用归一化植被指数（NDRE、NSI_NDRE）、最优植被指数（TNDGR、NSI_REWDRVI），运用

NNI-VI、NNI-NSI 半经验性策略，预测 NNI 效果与建模结果类似（图 3-11）。对于 NNI-VI 策略，TNDGR 的验证结果最好（R^2=0.45，RMSE=0.121 和 REr=17.5%），NDRE 略之（R^2=0.36，RMSE=0.22 和 REr=18.7%），NDVI 最差（R^2=0.23，RMSE=0.18 和 REr=17.1%）。对于 NNI-NSI 策略，NSI_NDRE 与 NSI_REWDRVI 差异较小，分别能解释 53% 与 56% 的 NNI 变异。对于最优植被指数，NSI 能多解释 11% 的

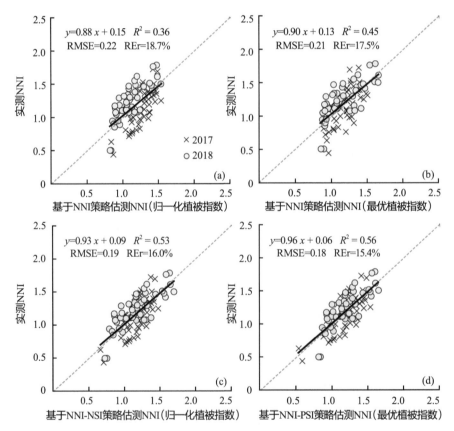

图 3-11　基于无人机遥感采用归一化植被指数［NDRE（a）、NSI-NDRE（c）］与最优植被指数［TNDGR（b）、NSI_REWDRVI（d）］最优模型的两种半经验性氮素诊断策略（NNI 为 a、b；NNI-NSI 为 c、d）估测氮营养指数关系模型的验证

注：实线表示线性回归模型；虚线表示 1:1 线。

NNI 变异，而 NSI_NDRE 能够比 NDRE 更多解释 17% 的 NNI 变异。基于以上结果，本研究采用 NNI-VI 策略与 NNI-NSI 策略对全村进行冬小麦 NNI 反演（见附录 S-4 与 S-5），以用于遥感氮素诊断。

3.4.4　村级尺度氮素诊断策略比较

为了评价这四种不同氮素诊断策略的诊断准确性，我们将建模与验证数据集根据各策略预测得到 NNI 值，并根据 NNI 阈值范围将其划分为三类：氮不足、氮适宜以及氮过量。此外，NSI_NDRE（归一化植被指数）与 NSI_REWDRVI（最优植被指数）表现最优，因而以此进行村级尺度 NNI-NSI 策略冬小麦氮素诊断。具体的 NSI 阈值分别为：氮不足（NSI_NDRE<0.74 或 NSI_REWDRVI>1.06）、氮过量（NSI_NDRE>1.00 或 NSI_REWDRVI<1.00）、其余阈值为氮适宜。本研究将不同诊断策略的诊断结果与根据化学分析策略的诊断结果进行比较，从而评价与比较基于固定翼无人机不同氮素诊断策略的准确性。

从结果上看（表 3-6），无论这四种策略中的哪一种，最优植被指数均表现出无人机多光谱遥感最好的氮素诊断潜力：一致度为 52% ~ 59%，Kappa 为 0.28 ~ 0.37。两种半经验策略诊断一致度为 57% ~ 59%，均显著两种机理性策略（52% ~ 54%）。对于机理性策略，归一化植被指数与最优植被指数诊断准确性无明显差异。对于 NNI-VI 策略，最优植被指数（一致度 57%，Kappa 为 0.34）略好于归一化植被指数（一致度 53%，Kappa 为 0.29）。NNI-NSI 策略均能获得稳定获取较好的氮素诊断表现，一致度为 57% ~ 59%。NSI_REWDRVI 在所有策略中获得最高的诊断准确度（59%，Kappa=0.37），NSI_NDRE 也可获得类似精准的诊断潜力（57%，Kappa=0.34）。

表 3-6　不同氮素诊断策略一致度与 Kappa 分析

指数	策略	一致度（%）	Kappa 分析
归一化植被指数	NNI-PNC	54	0.30
	NNI-PNU	54	0.30
	NNI-VI	53	0.29
	NNI-NSI	57	0.34
最优植被指数	NNI-PNC	54	0.29
	NNI-PNU	52	0.28
	NNI-VI	57	0.34
	NNI-NSI	59	0.37

在 2017 年和 2018 年拔节期追肥之前，运用最方便且表现最好的诊断策略，即运用 NSI_REWDRVI 采用 NNI-VI 策略进行村级固定翼无人机遥感诊断（图 3-12 与图 3-13 所示）。小区田块随着施氮量的不断增加，冬小麦的氮素状况变化为不足—适宜—过量。2017 年，大多数农户田块表现出氮适宜或氮过量状态，而 2018 年全村具有更大氮素变异，更多的农户田块被诊断为氮不足。

3.5　讨论

3.5.1　田块尺度冬小麦氮素诊断

在基于多旋翼无人机多光谱遥感进行华北田块尺度冬小麦氮素诊断之前，如下问题需要解决：① Mini-MCA 多光谱相机在不同生长时期用于冬小麦氮状况诊断的精准度如何？②在冬小麦关键时期，仅用归一化植被指数（NDVI、NDRE、GNDVI 以及 BNDVI）进行氮素诊断是否足够理想？③基于无人机多光谱遥感进行冬小麦氮素状态诊断时，应

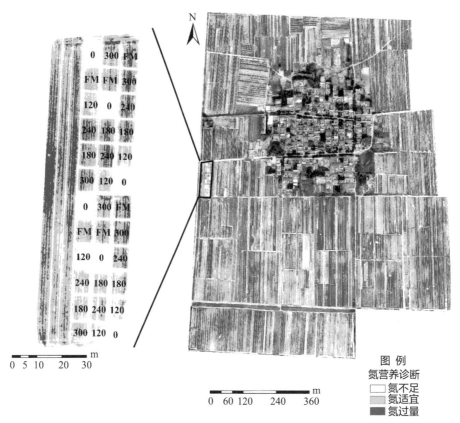

图3-12 2017年基于NNI-NSI策略（NSI-REWDRVI）华北平原山东乐陵南夏村村级冬小麦拔节期无人机遥感氮素诊断（氮水平小区试验中0、120、180、240与300分别表示0、120、180、240与300kg N·ha^{-1}；FM表示为农户氮素管理）

当应用哪种氮素诊断策略？④冬小麦不同时期，最适植被指数与氮素诊断策略是否会不同，基于多旋翼无人机遥感诊断的效果如何，本小节将对以上问题进行讨论。

本研究结果表明，在返青拔节期与孕穗扬花期，基于多旋翼无人机多光谱 Mini-MCA 的最佳氮素诊断表现分别为一致度86%与75%。目前还没有关于无人机遥感对于冬小麦氮素诊断的研究，因此无法和其他研究进行比较分析。Lu等（2017）报道在幼穗至拔节期与抽穗期，主

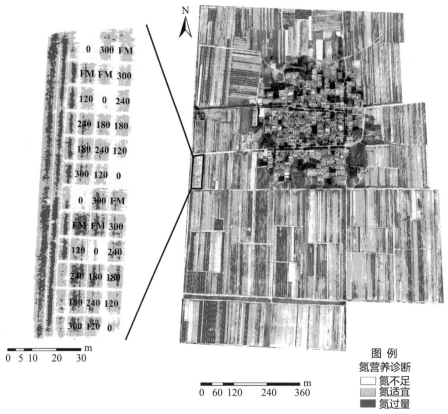

图 3-13　2018 年基于 NNI-NSI 策略（NSI-REWDRVI）华北平原山东乐陵南夏村村
级冬小麦拔节期无人机遥感氮素诊断

注：氮水平小区试验中 0、120、180、240 与 300 分别表示 0、120、180、240 与 300 kg N·ha⁻¹；
FM 为农户氮素管理。

动冠层传感器 RapidSCAN 的氮素诊断的一致度最佳表现分别可达 63%
和 76%。Xia 等（2016）在研究主动冠层传感器 GreenSeeker 对春玉
米遥感氮素诊断的最佳准确度分别为 81% 和 71%。Cao 等（2018）在
评估比较不同主动冠层传感器 Crop Circle ACS-470 与 430 对华北平
原冬小麦氮素诊断，发现归一化植被指数 NDRE 氮素诊断准确性在
73% ~ 88%。这与本研究无人机遥感诊断表现无明显差异，也说明了
无人机 Mini-MCA 多光谱遥感高精准度可代替地面冠层传感器，实现

田块尺度遥感诊断监测。

不考虑其他植被指数，仅采用归一化植被指数能够获得理想的冬小麦氮素诊断效果。在返青拔节期与孕穗扬花期，归一化植被指数 NDRE 与 GNDVI 均能解释 87% 生物量和 72% 吸氮量的变异，这与最优植被指数表现出相同（87%）和相似（74%）的估测能力。同样的，NDRE 在两个时期均能较好地估测冬小麦吸氮量与 NNI（R^2=0.81 ~ 0.89；0.59 ~ 0.86），并与最优植被指数无明显差异（R^2=0.82 ~ 0.89；0.68 ~ 0.88）。因此，采用归一化植被指数在两时期运用 NNI-PNC 策略与 NNI-VI 策略（86% 与 73%），也均能获得与最优植被指数一样的诊断准确度（84% ~ 86% 与 70% ~ 75%）。这个令人鼓舞的发现，说明了归一化植被指数的稳定性，也能够简化无人机遥感应用从而减少植被指数的筛选。

选用哪种氮素诊断策略既稳定又理想呢？无论选择归一化植被指数与最优植被指数，还是机理性策略（NNI-PNC）与半经验性策略（NNI-VI），它们之间的诊断效果差异不大。Lu 等（2017）研究也发现了类似结果，采用归一化植被指数（NDVI 或 NDRE）或者最优植被指数进行这三种策略，对冬小麦氮素诊断结果差异不大，一致度均在 63% ~ 76%。Chen（2015）报道通过比较冬小麦机理性策略（NNI-PNC）和半经验策略（NNI-VI）估测 NNI 时发现，机理性策略在整个生育时期更稳定，而半经验性策略更容易受生育时期的影响。分析其原因，除所应用的氮稀释曲线不同外，还可能在于他们的研究采用的 ASD 高光谱仪测定，由于较多光谱传感器较高的光谱分辨率，可获得更多的作物光谱特征，因此所得光谱指数更容易受生育时期的影响。本研究多旋翼无人机遥感获得田块多光谱影像数据（图 3-5、图 3-6），对于点位数据无论是光谱还是空间分辨率，均不如地面 ASD 高光谱仪，但对于田块面状数据归一化可能会减弱生育时期对光谱信息的影响。考虑田块尺度农业遥感的诊断效率与精准度，多旋翼无人机多光谱遥感可能更适合田块尺度的作物遥感诊断，这与 Zheng 等的（2018）地面高光谱与无人机多光谱评估结果一致。由于 NNI-VI 半经验性策略避免了其他氮素参数反演，推广应用相对更为简便，且归一化植被指数 NDRE 也可以获得较好的 NNI 的估测效果（图 3-5、图 3-6）。因此，本研究推荐应用归一化植被指数 NDRE 基于 NNI-NSI 半经验性策略进行多旋翼无人机多光谱冬小麦氮素诊断最为理想。

3.5.2 村级尺度冬小麦氮素诊断

在基于固定翼无人机多光谱遥感进行华北平原村级尺度冬小麦氮素诊断之前，如下问题需要解决：①该无人机遥感系统在村级尺度进行冬小麦氮状况诊断的精准度如何？②在冬小麦追肥拔节期，仅用归一化植被指数（NDVI、NDRE、GNDVI）是否足够理想进行氮素诊断？③基于无人机多光谱遥感进行诊断冬小麦氮素状态时，哪种氮素诊断策略更适合村级尺度应用？本小节将对以上问题进行讨论。

本研究结果表明，基于固定翼无人机遥感的两种半经验策略诊断一致度为 57% ~ 59%，均显著高于两种机理性策略（52% ~ 54%）。目前还没有关于无人机遥感对于冬小麦氮素诊断的研究。对于高光谱 ASD（Analytical Spectral Device）冬小麦遥感氮素诊断，Chen（2015）报道机理性策略（R^2=0.85 ~ 0.89，RMSE=0.11 ~ 0.13）要略好于半经验性策略（R^2=0.81 ~ 0.88，RMSE=0.11 ~ 0.31）估测 NNI。Cao 等（2015）发现，Crop Circle ACS-470 的 GRDVI（R^2=0.78）和 MGSAVI（R^2=0.77）直接估测冬小麦 NNI 显著好于 GreenSeeker 的 NDVI（R^2=0.47）和 RVI（R^2=0.44）。Cao 等（2018）研究发现，在评估比较不同主动冠层

传感器 Crop Circle ACS-470 与 430 的归一化植被指数 NDRE 对冬小麦 NNI 估测效果较好，R^2 分别为 0.84 ~ 0.89 和 0.71 ~ 0.86，并获得 69% ~ 74% 诊断准确性。以上研究诊断结果均为小区尺度的冠层传感器遥感获得，诊断的准确性也优于本研究的诊断结果。其原因可能是应用传感器与研究尺度不同所造成的。地面冠层传感器相对固定翼无人机更贴近作物冠层，更容易准确获得植被光谱信息而不被大气与其他因素干扰，尤其对于主动光源的冠层传感器，其诊断精准度更好。大部分研究均在氮水平小区进行，而从遥感应用的角度来看，以小区遥感反演模型来估测村级作物长势营养状态往往效果不好，诸多因素（品种、土壤肥力、病虫害、管理水平、水分等）均会在村级尺度发生，这就造成作物养分的巨大变异，从而影响作物生产（Diacono et al.，2013）。本研究为更加贴近生产实际，选取小区与农户的样本进行建模与验证估测作物 NNI，虽因诸多因素会影响植被指数对 NNI 的估测（Chen，2015；Lu et al.，2017），但建模与验证结果更符合研究区域小农户管理下的实际情况。此外，先前的研究中发现，遥感在作物生长后期与氮素指标相关关系较好，而本研究在拔节期进行遥感监测，此时冬小麦地上部生物量的增长大于吸氮量的累积，冠层光谱信息更多反映生物量的变化而对氮素的变化不很敏感，这也可能是本研究中未获得较好氮浓度与 NNI 的估测效果的原因。

采用归一化植被指数，不考虑其他植被指数，可获得较为满意的冬小麦氮素诊断效果。归一化植被指数 NDRE 与 GNDVI 均能解释 70% 生物量和 64% 吸氮量的变异，这与最优植被指数表现出相同（72%）和相似（64%）的估测能力。对于 NNI-NSI 策略，NSI_NDRE 能获得与最优植被指数较好的诊断准确度（57% 和 59%）。NDRE 氮诊断的优越性主要原因可能在于红边波段对作物氮素的高敏感性，这均优于

NDVI（Cao et al., 2015；Cao et al., 2018；Li et al., 2018）。此外，NDVI易受农户田块其他因素的影响，这均影响NDVI对作物氮素的诊断（Bonfil, 2017），而进行NSI计算将NDVI进行归一化，可进一步提高NDVI的诊断能力（Lu et al., 2017）。这个令人鼓舞的发现，说明了归一化植被指数的稳定性，也能够简化无人机遥感在村级尺度的应用从而减少植被指数的筛选。

选用哪种氮素诊断策略既稳定又理想呢？ Chen（2015）发现半经验性策略更容易受物候期的影响，这与本研究的结果一致。本研究数据集虽仅有一个时期但包括两年，增加了物候期影响因素，这使本研究NNI-VI策略获得53%～57%的诊断准确度。设置充足田块或校准条区进行植被指数的归一化，采用氮充足指数（NSI）或者响应指数（NRI）是克服物候期对诊断策略影响的一种很好的方法。Xia等（2016）研究结果指出，当NDVI计算NRI进行估测NNI时，此策略可以获得与其他策略相似或者更准确稳定的诊断效果，一致度可达71%～76%。Lu等（2017）对于水稻遥感诊断发现，利用NSI估测NNI比较稳定，能够减少生育时期、品种、地点、年份等影响，获得59%～76%的诊断准确度。本研究也发现NNI-NSI策略最为准确稳定（一致度57%～59%），且不用考虑植被指数的影响。利用NSI阈值来判断作物阈值在村级应用遥感诊断更加方便。因此，本研究推荐应用NNI-NSI策略进行基于固定翼无人机多光谱遥感村级尺度冬小麦氮素诊断最为理想。

3.6　小结

本章评估了基于多旋翼无人机Mini-MCA多光谱估测冬小麦氮素指标的潜力，并从两种机理性策略与一种半经验性策略中建立了基于多旋翼无人机 Mini-MCA 多光谱冬小麦氮素最优诊断策略。不考虑其他植被指数，仅采用归一化植被指数能够获得理想的冬小麦氮素诊断效果。在返青拔节期与孕穗扬花期，归一化植被指数（NDRE 与 GNDVI）能够较好地估测反演冬小麦地上部生物量（R^2=0.74 ~ 0.87）、吸氮量（R^2=0.81 ~ 0.89），这与最优植被指数无明显差异（R^2=0.74 ~ 0.87；0.82 ~ 0.89）。其中，基于多旋翼无人机遥感最实用有效的策略为采用归一化植被指数 NDRE，根据其关系模型（R^2=0.59 ~ 0.86）快速无损地估测氮营养指数。此种半经验策略能够达到 73% ~ 86% 的氮素诊断准确率。

此外，本章还评估了华北平原村级尺度拔节期基于固定翼无人机 eBee 多光谱估测冬小麦氮素指标的潜力，并从四种不同策略中建立了冬小麦氮素最优诊断策略。采用最优植被指数进行冬小麦氮素指标反演可获得 eBee 无人机遥感的诊断估测潜力。综合各生育时期、品种、地点及年际数据，最优植被指数能较好地估测冬小麦生物量（R^2=0.70 ~ 0.72）与吸氮量（R^2=0.64）。采用归一化植被指数也可获得较为满意的氮素诊断效果，NDVI 与 NDRE 均能解释 70% 生物量和 64% 吸氮量的变异。利用 NSI 能够较好稳定估测 NNI（R^2=0.53 ~ 0.56），所采用 NNI-NSI 策略也较为简单实用获得最佳的诊断准确率（57% ~ 59%），并能最大程度减少田块、品种与年份之间的影响。固定翼无人机遥感具有很大的潜力，可用于冬小麦氮素状况诊断，并有利于指导华北平原村级尺度小农户管理下的氮肥管理。

4 >>>

基于无人机遥感的冬小麦精准氮素管理

4.1　无人机遥感精准氮素管理策略

4.1.1　田块尺度氮素管理策略

本研究应用多旋翼八轴无人机搭载 Mini-MCA 多光谱相机采集冠层光谱数据，在冬小麦追肥前，即拔节期进行了冠层光谱的测定。参考Cao 等（2016a）所提出的遥感推荐施氮算法，本研究基于氮肥优化算法（NFOA）的多旋翼无人机多光谱遥感精准氮素管理策略如图 4-1 所示。

（1）待测田块作物植株吸氮量（PNU）的估测

利用无人机多光谱植被指数与 PNU 的关系模型（图 4-1 公式①）反演 PNU。根据第 2 章结果，可得到拔节期追肥前反演当前吸氮量模型。

归一化植被指数反演模型：$PNU=1436.54 \times NDRE^2 - 1158.83 \times NDRE + 259.14$

最优植被指数反演模型：$PNU=7.38 \times RERVI^2 - 17.63 \times RERVI + 27.13$

（2）无人机多光谱遥感当季估产系数（INSEY）的建立

利用无人机多光谱植被指数除以播种到遥感测定时的天数（DAT）计算 INSEY（图 4-1 公式②）。

（3）收获期冬小麦产量（YP）的预测

通过冬小麦产量与 INSEY 的回归模型（图 4-1 公式③）反演 YP。

（4）收获期冬小麦植株吸氮量（$PNU_{Harvest}$）的预测

通过预测的 YP 乘以 N_{req}（每生产一吨籽粒产量植株所吸收的氮量）获得 $PNU_{Harvest}$（图 4-1 公式④）。根据（Yue et al., 2012），在小于 4.5 t·ha^{-1}、4.5 ~ 6.0 t·ha^{-1}、6.0 ~ 7.5 t·ha^{-1}、7.5 ~ 9.0 t·ha^{-1}、9.0 ~ 10.5 t·ha^{-1} 和大于 10.5 t·ha^{-1} 6 个产量水平下每生产一吨籽粒的平均需氮量分别为 27.1、25.0、24.5、23.8、22.8 和 22.5 kg。

（5）当季需要追施的氮肥用量（N_{rate}）的确定

利用收获时期与当前植株吸氮量之差除以氮肥利用率（$NUE_{topdressing}$）

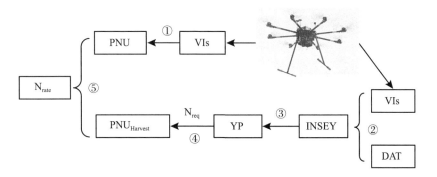

① $PNU = f(VIs)$　　② $INSEY = VIs / DAT$　　③ $YP = f(INSEY)$
④ $PNU_{Harvest} = YP \times N_{req}$　　⑤ $N_{rate} = (PNU_{Harvest} - PNU) / NUE_{topdressing}$

图 4-1　基于氮肥优化算法（NFOA）的多旋翼无人机多光谱遥感精准氮素管理策略

注：VIs：待测田块的无人机遥感的植被指数；PNU：待测田块作物植株的吸氮量；$PNU_{Harvest}$：待测田块收获期作物植株的吸氮量；DAT：从播种到光谱测定之间的天数；INSEY：当季估产系数；YP：追施氮肥后田块的潜在产量；N_{req}：每生产一吨籽粒植株所需要的氮量；N_{rate}：推荐施氮量；$NUE_{topdressing}$：追肥后氮肥利用率。

获得 N_{rate}（图 4-1 公式⑤）。

参考芦俊俊（2018）研究，本研究将小区试验中 180、240 和 300 kg · ha^{-1} 处理分别当作三种追肥前不同冬小麦营养状况，进而进行不同寒地冬小麦精准氮素管理策略的验证与评估。为了更科学地分析与比较，本研究具体评估方法如下：利用情景分析方法，选用四种追肥管理策略，分别是农户管理、区域优化管理、归一化植被指数精准氮肥管理及最优植被指数精准氮肥管理，分别对三种追肥前不同冬小麦营养状况进行推荐施肥，并根据不同年份、不同冬小麦氮素状况进行与经济最优氮肥推荐量评估。受国家宏观调控与当地农业补贴等影响，冬小麦与肥料的价格波动不大，采用年均价格进行计算，冬小麦与氮肥单价分别 2.4 元 · kg^{-1} 与 3.7 元 · kg^{-1}。通过 2016 年与 2017 年产量氮肥效应方程最优拟合可获得线性加平台模型，因此本研究经济最优氮肥推荐量为线性加平台模型中拐点的施氮量。此外，本研究还根据不同年份产量氮肥效应方程，模拟估测不同氮肥管理策略下可获得产量，氮肥利用率与经济收益，从而评估华北田块尺度冬小麦最佳氮肥管理策略。

4.1.2　村级尺度氮素管理策略

本研究应用固定翼无人机 eBee SQ(senseFly,Parrot Group，Cheseaux-sur-Lausanne,Switzerland）搭载 Parrot Sequoia+ 多光谱相机采集冠层光谱数据，在冬小麦追肥前，即拔节期进行了冠层光谱的测定。此外，本研究以氮校准小区用来评估遥感估产建模验证及确定本区域当季经济最优施氮量。参考田块尺度绿色窗口精准氮素管理策略，本研究进行优化并与 NNI 氮素实时诊断结果相结合，建立基于固定翼无人机多光谱遥感精准氮素管理策略如图 4-2 所示。具体策略步骤如下。

（1）村级尺度植株吸氮量（PNU）的估测

利用无人机多光谱植被指数与 PNU 的关系模型（图 4-2 公式①）反演 PNU。根据第 4 章结果，可得到拔节期追肥前反演当前吸氮量模型为：

归一化植被指数反演模型：$PNU=850.34 \times NDRE^{1.58}$

最优植被指数反演模型：$PNU=0.23 \times REVI_{opt}^{1.53}$

（2）村级尺度作物氮营养指数（NNI）的估测

利用氮梯度校准小区中氮充足田块中植被指数计算全村氮充足指数（NSI_VIs），通过 NSI_VIs 反演 NNI（图 4-2 公式②③）。根据第 4 章结果，可得到拔节期追肥前反演氮营养指数模型为：

归一化植被指数反演模型：$PNU=-0.14 \times NSI\_NDRE^{2}+1.21 \times NSI\_NDRE+0.19$

最优植被指数反演模型：$PNU=-6.95 \times NSI\_REWDRVI^{2}+9.81 \times NSI\_REWDRVI-1.61$

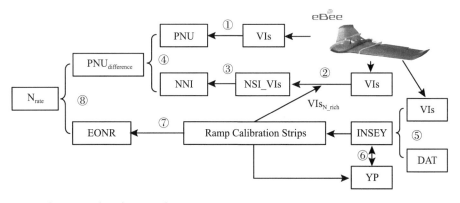

①$PNU = f(VIs)$ ②$NSI\_VIs = VIs / VIs_{N\_rich}$ ③$NNI = f(NSI\_VIs)$
④$PNU_{difference} = PNU - (PNU/NNI)$ ⑤$INSEY = VIs/DAT$ ⑥$YP = f(INSEY)$
⑦$EONR = f(INSEY)$ ⑧$N_{rate} = EONR - PNU_{difference} / NUE_{topdresssing}$

图 4-2　基于固定翼无人机多光谱遥感的村级尺度作物精准氮素管理策略

（3）基于遥感诊断的村级尺度作物吸氮量与临界吸氮量之差（$PNU_{difference}$）

根据第2章NNI计算公式转换得到临界吸氮量（PNU/NNI），因此，$PNU_{difference}$可由作物吸氮量与临界吸氮量得到，具体公式见图4-2公式④。

（4）无人机多光谱遥感当季估产系数（INSEY）的建立

利用无人机多光谱植被指数除以播种到遥感测定时的天数（DAT）计算INSEY（图4-2公式⑤）。

（5）村级尺度区域经济最优施氮量（EONR）的确定

获得与产量最为相关的INSEY的氮肥效应方程用以确定EONR（图4-2公式⑥⑦）。

（6）村级尺度推荐总施氮量（N_{rate}）的确定

根据氮素亏缺或过量（$PNU_{difference}$）来调整区域经济最优施氮量（EONR），以确定N_{rate}（图4-2公式⑧）。全村拔节期推荐追施氮量可由推荐的总施氮量减去前期施用的氮肥总量。

利用情景分析方法，首先利用氮水平小区试验在田块尺度确定最优的基于固定翼无人机多光谱遥感的村级尺度作物精准氮素管理策略。此外，本研究对村级评估不同管理策略，分别是农户管理、区域优化管理、精准氮肥管理，分别对全村不同农户田块（250户）确定推荐施肥量，并评估达到产量预期下各个管理策略所能达到的氮肥利用率与经济收益，从而评估基于无人机遥感氮素精准调控的华北村级尺度冬小麦减肥增效潜力。受国家宏观调控与当地农业补贴等影响，冬小麦与肥料的价格波动不大，采用年均价格进行计算，冬小麦与氮肥单价分别2.4元·kg^{-1}与3.7元·kg^{-1}。

4.2 田块尺度冬小麦精准氮素管理

4.2.1 产量氮肥效应方程及经济最优施氮量

年份差异影响冬小麦经济最优施氮量有所不同（见图 4-3 和图 4-4）。2016 年最优经济施氮量为 166 kg N·ha^{-1}，高于 2017 最优经济施氮量（156 kg N·ha^{-1}）。年际差异也影响最优施氮量下冬小麦产量：2017 年最优经济施氮量下的产量（9.79 t·ha^{-1}）显著高于 2016 年（8.15 t·ha^{-1}）。

4.2.2 最优植被指数估测产量潜力

多旋翼无人机多光谱遥感当季估产系数（INSEY）估测冬小麦产量潜力（YP）的相关关系如表 4-1 和图 4-5、图 4-6 所示，其中最优植被指数的 INSEY 估测表现代表着多旋翼无人机多光谱遥感估产潜力。无人机遥感不同时期估产表现有所不同。无论是验证数据集还是建模数据集，无人机遥感在孕穗期估产表现最好，INSEY（mNDVI1）能够解释 93% 的产量变异，并达到最佳验证评估效果，R^2、RMSE 和 REr 分别为 0.92、0.72 t·ha^{-1} 和 9.1%。其次为拔节期（MTCI）与扬花期（RERDVI），INSEY 能够解释 90% ~ 92% 的产量变异，且验证评估效果表现不错，R^2、RMSE 和 REr 分别为 0.90 ~ 0.92、0.72 ~ 0.78 t·ha^{-1} 和 9.1% ~ 9.9%。返青期相对其他时期表现不足，最优植被指数 INSEY（REVI$_{opt}$）可以解释 82% 的产量变异，并表现出类似的验证评估效果（R^2=0.80、RMSE=1.06 t·ha^{-1}、REr=13.4%）。

4.2.3 归一化植被指数估测产量潜力

归一化植被指数当季估产系数（INSEY）估测冬小麦产量潜力（YP）

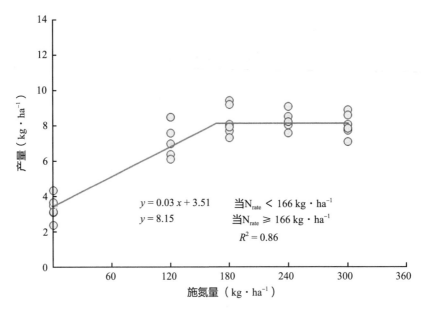

图 4-3　2016 年冬小麦产量对施氮量的反应方程（线条代表线性加平台方程模型）

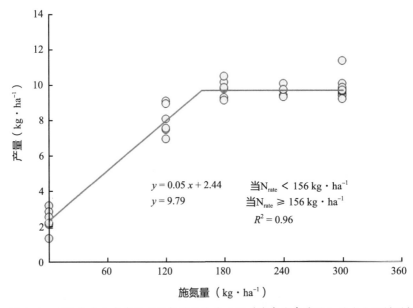

图 4-4　2017 年冬小麦产量对施氮量的反应方程（线条代表线性加平台方程模型）

的相关关系如表 4-1 和图 4-5、图 4-6 所示。不同时期无人机遥感不同
归一化植被指数 INSEY 估产有一定差异，其中 NDRE 在返青、孕穗、扬
花期变现最好，而 GNDVI 在返青期表现最好。除扬花期外，建模数据集
下归一化植被指数（R^2=0.83 ~ 0.91）与最优植被指数（R^2=0.82 ~ 0.93）
的估产效果无明显差异。验证数据集下，与最优植被指数相比，返青期归
一化植被指数表现相似（R^2=0.80、RMSE=1.05 t·ha^{-1}、REr=13.3%），

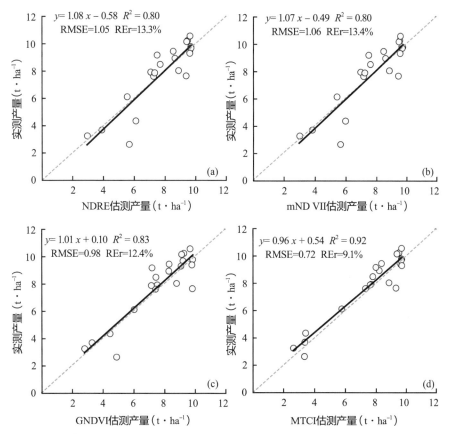

图 4-5　返青期（a、b）与拔节期（b、d）获取基于多旋翼无人机遥感的归一化植被
指数（a、c）、最优植被指数（b、d）计算的当季估产系数（INSEY）与
冬小麦产量关系模型的验证

注：实线表示线性回归模型；虚线表示 1:1 线。

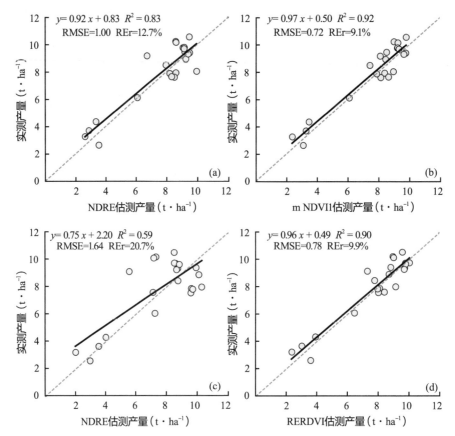

图4-6　孕穗期（a、b）与扬花期（b、d）获取基于多旋翼无人机遥感的归一化植被指数（a、c）、最优植被指数（b、d）计算的当季估产系数（INSEY）与冬小麦产量关系模型的验证

注：实线表示线性回归模型；虚线表示1:1线。

而在拔节期与孕穗期，归一化植被指数验证结果略低（R^2=0.83、RMSE=0.98 ～ 1.00 t · ha^{-1}、REr=12.4% ～ 12.7%）。在扬花期，无论建模集还是验证集与最优植被指数相比，归一化植被指数表现不足，尤其验证结果（R^2=0.59）显著低于最优植被指数（R^2=0.90）（见图4-6）。

表 4-1　获取基于多旋翼无人机遥感的归一化植被指数与最优植被指数所计算的当
季估产系数（INSEY）与冬小麦籽粒产量的相关关系与验证

时期	当季估产系数	建模			验证		
		Index	Model	R^2	R^2	RMSE	REr（%）
返青期	归一化植被指数	NDVI	Q	0.77	0.70	1.28	16.3
		NDRE	Q	0.83	0.80	1.05	13.3
		GNDVI	Q	0.83	0.72	1.24	15.7
		BNDVI	E	0.54	0.47	1.84	23.3
	最优植被指数	MSR_G	Q	0.85	0.76	1.17	14.9
		GRVI	Q	0.85	0.75	1.20	15.2
		GWDRVI	Q	0.85	0.76	1.17	14.9
		REVI$_{opt}$	Q	0.82	0.80	1.06	13.4
拔节期	归一化植被指数	NDVI	Q	0.79	0.69	1.30	16.5
		NDRE	Q	0.86	0.84	0.96	12.2
		GNDVI	Q	0.89	0.83	0.98	12.4
		BNDVI	Q	0.70	0.55	1.57	19.9
	最优植被指数	MTCI	Q	0.90	0.92	0.72	9.1
		REWDRVI	Q	0.90	0.87	0.87	11.0
		MGSAVI	Q	0.90	0.87	0.84	10.7
		GRVI	Q	0.90	0.82	1.02	12.9
孕穗期	归一化植被指数	NDVI	E	0.90	0.73	1.26	16.0
		NDRE	P	0.91	0.83	1.00	12.7
		GNDVI	P	0.89	0.69	1.36	17.3
		BNDVI	P	0.86	0.59	1.56	19.7
	最优植被指数	mNDVI1	Q	0.93	0.92	0.72	9.1
		BRI	P	0.92	0.76	1.34	17.0
		GOSAVI	Q	0.92	0.88	0.84	10.6
		REOSAVI	Q	0.92	0.88	0.82	10.4

时期	当季估产系数	建模			验证		
		Index	Model	R^2	R^2	RMSE	REr（%）
扬花期	归一化植被指数	NDVI	Q	0.71	0.45	1.79	22.7
		NDRE	P	0.85	0.59	1.64	20.7
		GNDVI	Q	0.70	0.46	1.76	22.2
		BNDVI	Q	0.71	0.38	1.88	23.8
	最优植被指数	RERDVI	Q	0.92	0.90	0.78	9.9
		RESAVI	Q	0.92	0.89	0.81	10.2
		MRESAVI	Q	0.92	0.89	0.81	10.2
		GRDVI	Q	0.91	0.91	0.73	9.2

注：Q、E、P 和 LOG 分别代表二次项、指数、幂函数以及对数模型。

4.2.4 田块尺度氮肥管理策略评估

根据以上结果，本研究在拔节期采用归一化植被指数的最优估产模型，对氮梯度小区进行两年冬小麦产量的反演（图4-7与图4-8）。2017年氮梯度小区冬小麦平均产量高于2016年，且多旋翼无人机估产效果较好。

结合材料与方法中的氮肥管理策略，本研究采用归一化植被指数与最优植被指数，建立基于多旋翼无人机的田块尺度冬小麦精准氮素管理。通过情景分析方法比较发现，不同年份与追肥前氮素状况下四种氮肥管理策略在冬小麦拔节期追施氮肥推荐量有一定变异（图4-9和图4-10），进而导致各个氮肥管理策略获得产量、氮肥偏生产力和经济收益表现不一（表4-2）。农户管理与区域优化管理不考虑年份、品种及氮素状况的变异，分别追施氮量为 $150\ kg\ N \cdot ha^{-1}$ 与 $138\ kg\ N \cdot ha^{-1}$。采用归一化植被指数与最优植被指数的精准氮肥管理推荐施氮量均随冬小麦氮素过量而显著降低，这与经济最优施氮量变化趋势一致。

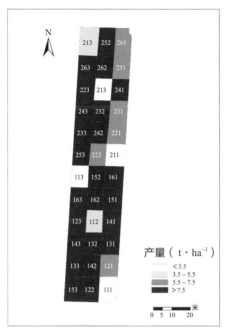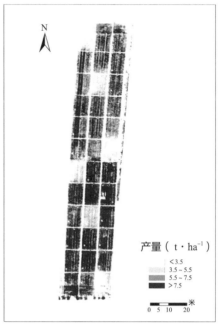

图 4-7 2016 年基于多旋翼无人机遥感 INSEY-GNDVI 的氮梯度小区冬小麦产量反演图

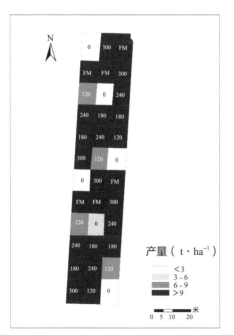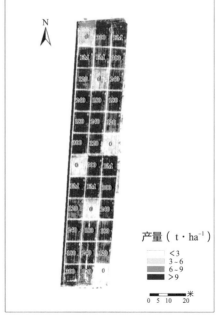

图 4-8 2017 年基于多旋翼无人机遥感 INSEY-GNDVI 的氮梯度小区冬小麦产量反演图

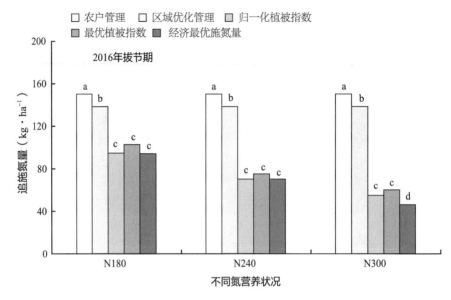

图 4-9 2016 年不同氮素状况下不同氮肥管理策略冬小麦拔节期追施氮肥推荐量

注：归一化植被指数与最优植被指数分别代表基于归一化植被指数与最优植被指数的精准管理下推荐施氮量；相同氮水平下不同小写字母代表差异显著（$P < 0.05$）。

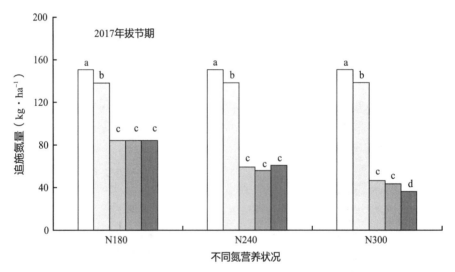

图 4-10 2017 年不同氮素状况下不同氮肥管理策略冬小麦拔节期追施氮肥推荐量

注：归一化植被指数与最优植被指数分别代表基于归一化植被指数与最优植被指数的精准管理下推荐施氮量；相同氮水平下不同小写字母代表差异显著（$P < 0.05$）。

在 N180 处理，2016 年与 2017 年推荐施氮量，归一化植被指数
（95 kg N·ha^{-1}，84 kg N·ha^{-1}）与最优植被指数（103 kg N·ha^{-1}，
84 kg N·ha^{-1}）均与经济最优施氮量（94 kg N·ha^{-1}；84 kg N·ha^{-1}）
差异不显著，但均显著低于农户管理与区域优化管理。两年四种氮肥
管理策略与经济最优施氮量下产量与净收益均无显著差异，因此，两
种精准管理与经济最优施氮量下氮肥偏生产力均无显著差异，但均显
著高于农户管理与区域优化管理，其中相对农户管理，2016 年与 2017
年归一化植被指数分别增效 27% ～ 33% 和 39% ～ 41%。相对于区域
优化管理，2016 年与 2017 年归一化植被指数分别增效 20% ～ 26% 和
32% ～ 33%。区域优化管理产量和净收益与农户管理无显著差异，但
氮肥偏生产力显著高于农户管理，增效 6%。

表 4-2　基于情景分析 2016—2017 年不同氮肥管理策略对华北田块冬小麦产量、
　　　　氮肥利用率以及经济收益的影响

氮素状况	氮肥管理策略	2016 年			2017 年		
		产量（t·ha^{-1}）	氮肥偏生产力（kg·kg^{-1}）	净收益（万元·ha^{-1}）	产量（t·ha^{-1}）	氮肥偏生产力（kg·kg^{-1}）	净收益（万元·ha^{-1}）
N180	农户管理	8.2 a	36.7 c	1.03 c	9.8 a	44.1 c	1.68 a
	区域优化管理	8.2 a	38.8 b	1.04 b	9.8 a	46.6 b	1.68 a
	归一化植被指数	8.1 a	48.8 a	1.05 a	9.7 a	62.2 a	1.68 a
	最优植被指数	8.2 a	46.7 a	1.05 a	9.6 a	61.5 a	1.67 a
	经济最优施氮量	8.2 a	49.1 a	1.05 a	9.8 a	62.8 a	1.71 a
N240	农户管理	8.2 a	33.1 c	1.02 c	9.8 a	39.8 c	1.67 ab
	区域优化管理	8.2 a	34.8 b	1.03 b	9.8 a	41.8 b	1.67 ab
	归一化植被指数	8.1 a	48.9 a	1.05 a	9.6 ab	62.4 a	1.67 ab
	最优植被指数	8.2 a	47.8 a	1.05 a	9.4 b	62.4 a	1.66 b
	经济最优施氮量	8.2 a	49.1 a	1.05 a	9.8 a	62.8 a	1.71 a

续表

氮素状况	氮肥管理策略	2016 年			2017 年		
		产量 (t·ha⁻¹)	氮肥偏生产力 (kg·kg⁻¹)	净收益 (万元·ha⁻¹)	产量 (t·ha⁻¹)	氮肥偏生产力 (kg·kg⁻¹)	净收益 (万元·ha⁻¹)
N300	农户管理	8.2 a	30.2 d	1.01 c	9.8 a	36.3 d	1.66 d
	区域优化管理	8.2 a	31.6 c	1.02 b	9.8 a	37.9 c	1.67 c
	归一化植被指数	8.2 a	46.6 b	1.05 a	9.8 a	59.1 b	1.70 b
	最优植被指数	8.2 a	45.2 b	1.05 a	9.8 a	60.1 b	1.70 b
	经济最优施氮量	8.2 a	49.1 a	1.05 a	9.8 a	62.8 a	1.71 a

注：归一化植被指数与最优植被指数分别代表基于归一化植被指数与最优植被指数的精准管理下推荐施氮量；根据化肥与小麦单价 3.7 元·kg⁻¹ N 和 2.4 元·kg⁻¹，参考氮空白计算不同氮肥管理策略下的氮肥净收益；相同年份与氮水平下不同小写字母代表差异显著（$P < 0.05$）。

类似 N180 处理，N240 处理推荐施氮量，2016 年与 2017 年归一化植被指数（70 kg N·ha⁻¹；59 kg N·ha⁻¹）与最优植被指数（75 kg N·ha⁻¹；56 kg N·ha⁻¹）均与经济最优施氮量（70 kg N·ha⁻¹；60 kg N·ha⁻¹）差异不显著，但均显著低于农户管理与区域优化管理。归一化植被指数与最优植被指数各项指标差异不显著，但表现更稳定。归一化植被指数与经济最优施氮量下产量、净收益以及氮肥偏生产力均无显著差异，但均显著高于农户管理与区域优化管理，其中相对农户管理，2016 年与 2017 年归一化植被指数分别增效 48% 和 57%。相对于区域优化管理，2016 年与 2017 年归一化植被指数分别增效 37% 和 49%。区域优化管理产量与净收益与农户管理无显著差异，但氮肥偏生产力显著高于农户管理，增效 5%。

N300 处理 2016 年与 2017 年均表现为经济最优施氮量最低（46 kg N·ha⁻¹；36 kg N·ha⁻¹），归一化植被指数（55 kg N·ha⁻¹；46 kg N·ha⁻¹）与最优植被指数（60 kg N·ha⁻¹；43 kg N·ha⁻¹）均显著低于农户管理与

区域优化管理。归一化植被指数与最优植被指数各项指标差异不显著。所有氮肥管理产量均无显著差异。精准管理净收益均显著高于农户管理（年均增加 400 元·ha^{-1}）与区域优化管理（年均增加 300 元·ha^{-1}）。精准管理氮肥利用率 2016 年与 2017 年显著高于农户管理（增效 50% ~ 54% 和 63% ~ 66%）与区域优化管理（增效 43% ~ 47% 和 56% ~ 59%）。区域优化管理净收益相对农户管理年均增加 100 元·ha^{-1}，但氮肥偏生产力显著高于农户管理，增效 4% ~ 5%。

4.3 村级尺度冬小麦精准氮素管理

4.3.1 实时估测产量潜力

固定翼无人机多光谱遥感当季估产系数（INSEY）估测冬小麦产量潜力（YP）的相关关系如表 4-3 和图 4-11 所示，其中最优植被指数的 INSEY 估测表现代表着固定翼无人机 eBee 多光谱遥感估产潜力。无论是验证数据集或建模数据集，在拔节期绿光植被指数 GOSAVI、GRDVI、GSAVI 的 INSEY 均表现与产量较好的相关关系（R^2=0.85），并作为前 4 最优植被指数。其中，无人机遥感最优植被指数 INSEY（GOSAVI）能够解释 85% 的产量变异，并达到较好的验证评估效果，R^2、RMSE 和 REr 分别为 0.83、1.11 t·ha^{-1} 和 16.3%。绿光归一化植被指数 GNDVI 的 INSEY 表现出与最优植被指数相同的较好的反演能力，能够解释 85% 的产量变异，并表现出略优的验证评估效果（R^2=0.84、RMSE=1.10 t·ha^{-1}、REr=16.1%）。

根据建模与验证结果，本研究选用 GNDVI 的当季估产系数（INSEY-GNDVI）进行 2017 年与 2018 年村级尺度固定翼无人机遥感冬小麦产量反演（图 4-12 与图 4-13）。全村冬小麦平均产量 2017 年（8.3 t·ha^{-1}）

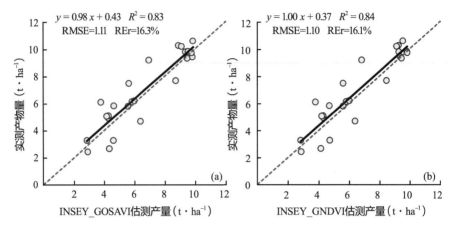

图 4-11　拔节期获取基于固定翼无人机遥感的归一化植被指数（a）、最优植被指数（b）计算的当季估产系数（INSEY）与冬小麦产量关系模型的验证

注：实线表示线性回归模型；虚线表示 1∶1 线。

显著高于 2018 年（4.4 t·ha^{-1}），产量变异 2018 年（27.2%）显著高于 2017 年（17.9%）（见表 4-3）。

表 4-3　拔节期获取基于固定翼无人机遥感的归一化植被指数与最优植被指数所计算的当季估产系数（INSEY）与冬小麦籽粒产量的相关关系与验证

当季估产系数	建模			验证		
	Index	Model	R^2	R^2	RMSE	REr（%）
归一化植被指数	NDVI	Q	0.83	0.82	1.20	17.5
	NDRE	P	0.81	0.77	1.33	19.5
	GNDVI	Q	0.85	0.84	1.10	16.1
最优植被指数	TNDVI	Q	0.85	0.82	1.15	16.9
	GOSAVI	Q	0.85	0.83	1.11	16.3
	GRDVI	Q	0.85	0.82	1.14	16.6
	GSAVI	Q	0.85	0.82	1.14	16.7

注：Q、E、P 和 LOG 分别代表二次项、指数、幂函数以及对数模型。

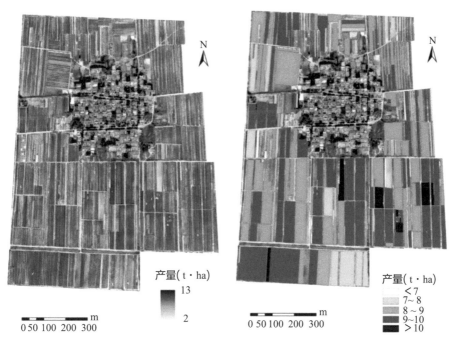

图 4-12　2017 年山东乐陵南夏村基于无人机遥感植被指数 INSEY-GNDVI 冬小麦产量反演图

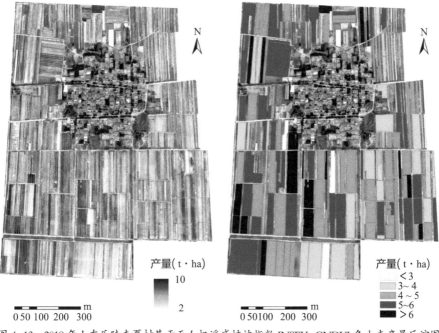

图 4-13　2018 年山东乐陵南夏村基于无人机遥感植被指数 INSEY-GNDVI 冬小麦产量反演图

4.3.2 氮肥效应方程及经济最优施氮量

产量与植被指数 INSEY 随着施氮量增加增长迅速，后达到经济最优施氮量后不再增加，且氮肥效应方程均类似，满足线性加平台（见图 4-14）。年份差异影响冬小麦经济最优施氮量有所不同，植被指数

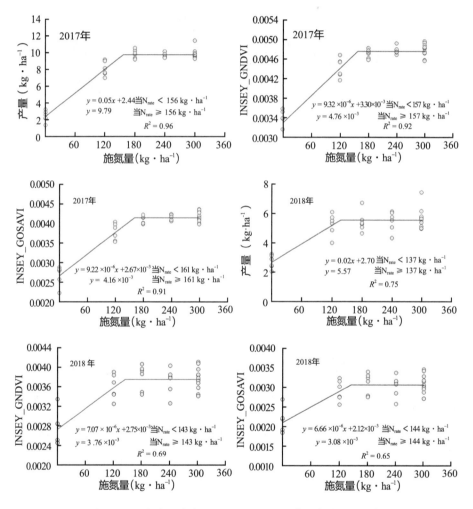

图 4-14 2017 年与 2018 年冬小麦产量与植被指数的当季估产系数对施氮量的反应方程
注：线代表线性加平台方程模型。

INSEY 之间或同产量拟合的经济最优施氮量差异均不显著（见图 4-14 和表 4-4）。2017 年产量拟合最优经济施氮量（156 kg N·ha⁻¹）显著高于 2018 最优经济施氮量（137 kg N·ha⁻¹）。归一化植被指数 GNDVI 的 INSEY 两年拟合最优经济施氮量分别为 157 kg N·ha⁻¹ 与 143 kg N·ha⁻¹，最优植被指数 GNDVI 的 INSEY 两年拟合最优经济施氮量分别为 161 kg N·ha⁻¹ 与 144 kg N·ha⁻¹，均与产量拟合差异不大。此外，年份差异也影响最优施氮量下冬小麦产量：2017 年最优经济施氮量下的产量（9.79 t·ha⁻¹）显著高于 2018 年（5.57 t·ha⁻¹）。

4.3.3 不同氮肥管理策略比较

根据以上结果，本研究在拔节期对归一化植被指数与最优植被指数的氮肥效应方程所获得经济最优施氮量，结合产量氮肥效应方程，采用情景分析法，在田块尺度采用绿色窗口法评估不同年份 4 种氮肥管理策略冬小麦产量、氮肥偏生产力和经济收益差异（表 4-4）。农户管理与区域优化管理不考虑年份的变异，分别总施氮量为 300 kg N·ha⁻¹ 与 219 kg N·ha⁻¹。

表 4-4 基于情景分析 2017—2018 年不同氮肥管理策略对华北田块尺度冬小麦产量、氮肥利用率以及经济收益的影响

年份	氮肥管理策略	施氮量 （kg·ha⁻¹）	预期产量 （t·ha⁻¹）	氮肥偏生产力 （kg·kg⁻¹）	净收益 （万元·ha⁻¹）
2017	农户管理	300	9.8	32.6	1.65
	区域优化管理	219	9.8	44.7	1.68
	归一化植被指数	157	9.8	62.4	1.71
	最优植被指数	161	9.8	60.8	1.70
	经济最优施氮量	156	9.8	62.8	1.71

年份	氮肥管理策略	施氮量 (kg·ha⁻¹)	预期产量 (t·ha⁻¹)	氮肥偏生产力 (kg·kg⁻¹)	净收益 (万元·ha⁻¹)
2018	农户管理	300	5.6	18.6	0.64
	区域优化管理	219	5.6	25.4	0.67
	归一化植被指数	143	5.6	39.0	0.70
	最优植被指数	144	5.6	38.7	0.70
	经济最优施氮量	137	5.6	40.7	0.70

注：归一化植被指数与最优植被指数分别代表基于归一化植被指数与最优植被指数的精准管理下推荐施氮量；根据化肥与小麦单价 3.7 元·kg⁻¹ N 和 2.4 元·kg⁻¹，参考氮空白计算不同氮肥管理策略下的氮肥净收益；相同年份与氮水平下不同小写字母代表差异显著（$P < 0.05$）。

两年经济最优施氮量最低，归一化植被指数与最优植被指数与其差异不大，但均显著低于农户管理与区域优化管理。归一化植被指数与最优植被指数各项指标差异不显著。所有氮肥管理产量均无显著差异。精准管理年净收益均显著高于农户管理（增加 500～600 元·ha⁻¹）与区域优化管理（年均增加 200～300 元·ha⁻¹）。精准管理氮肥利用率显著高于农户管理（增效 87%～100%）与区域优化管理（增效 36%～54%）。区域优化管理年净收益相对农户管理年均增加 300 元·ha⁻¹，但氮肥偏生产力显著高于农户管理，增效 37%。

综合以上评估结果，考虑到归一化植被较为稳定且表现较好，本研究利用 GNDVI 的 INSEY 进行固定翼无人机村级尺度遥感估产（图 4-12 与图 4-13），并结合村级氮素管理策略，进行村级尺度无人机精准氮素管理。

4.3.4　村级尺度精准氮肥管理评估

综合前面研究结果，考虑到归一化植被较为稳定且表现较好，本研究均采用归一化植被指数结合材料与方法中村级精准管理策略，进行村级尺度无人机精准氮素管理（图 4-15 与图 4-16）。根据材料与方法中，采用情景分析法，在村级尺度评估不同管理策略，分别是农户管理、区域优化管理、精准氮肥管理，分别对全村不同农户田块（250 户）确定推荐施肥量，并评估达到产量预期下各个管理策略所能达到的氮肥利用率与经济收益，结果见表 4-5。

不同年份对推荐施氮量具有很大影响。全村冬小麦推荐的平均施氮总量 2017 年（144 kg · ha^{-1}）显著高于 2018 年（134 kg · ha^{-1}），推荐施氮总量变异 2018 年（8%）显著高于 2017 年（6%）。精准管理总推荐施氮量显著低于农户管理与区域优化管理。相对于农户管理，精准管理两年氮肥可分别减少 44% ~ 58% 和 49% ~ 68%，相对于全村区域（53 ha）分别共减少 8.27 t 与 8.80 t 纯氮投入；相对于区域优化管理，精准管理两年氮肥可分别减少 24% ~ 43% 和 30% ~ 56%，相对于全村区域（53 ha）分别共减少 3.98 t 与 4.51 t 纯氮投入。

在三种氮肥管理策略均达到产量预期时，精准管理氮肥利用率 2017 年（年均 58.7 kg · kg^{-1}）显著高于 2018 年（年均 33.5 kg · kg^{-1}），并均分别显著高于农户管理（27.8 kg · kg^{-1}；14.5 kg · kg^{-1}）与区域优化管理（38.1 kg · kg^{-1}；19.9 kg · kg^{-1}）。相对于农户管理，精准管理两年氮肥偏生产力可分别提高 79% ~ 139% 和 95% ~ 214%，每个农户平均分别提高 109 % 与 125 %；相对于区域优化管理，精准管理两年氮肥偏生产力可分别提高 31% ~ 74% 和 42% ~ 129%，每个农户平均分别提高 53% 与 65%。

本研究相比农户管理计算经济净收益之差，已进行评估精准管理与区域优化管理的经济效益提升潜力。区域优化管理较农户管理多获得净收益 300 元 · ha^{-1}，而精准管理表现更好。2017 年较农户管理多获得净收益 491 ~ 645 元 · ha^{-1}，比 2018 年（541 ~ 757 元 · ha^{-1}）略低。对

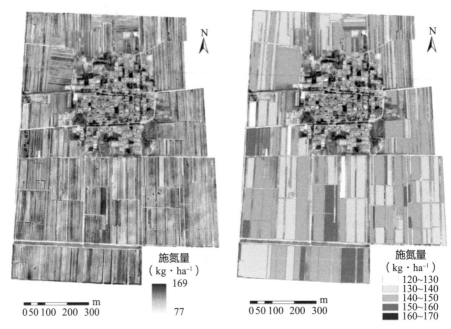

图 4-15 2017 年基于 NNI-NSI 氮素诊断华北平原山东乐陵南夏村村级冬小麦无人机遥感推荐总施氮量

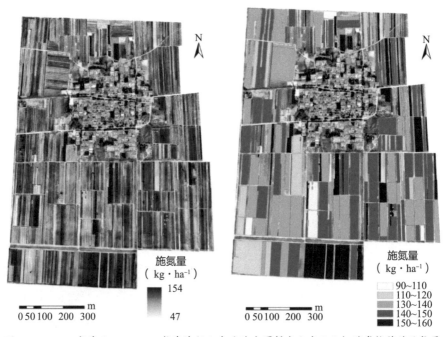

图 4-16 2018 年基于 NNI-NSI 氮素诊断山东乐陵南夏村冬小麦无人机遥感推荐总施氮量

表 4-5　基于情景分析 2017—2018 年村级不同氮肥管理策略对冬小麦氮肥利用率与净收益之差的影响

年份	管理策略	农户总数目	总面积（ha）	预期产量潜力（t·ha⁻¹）			施氮量（kg·ha⁻¹）			氮肥偏生产力（kg·kg⁻¹）			净收益之差（元·ha⁻¹）		
				最大值	最小值	均值	最大值	最小值	均值	最大值	最小值	均值	最大值	最小值	均值
2017	农户管理	250	53	10.7	2.2	8.3			300	35.6	7.4	27.8			—
	区域优化管理						167	126	219	48.8	10.2	38.1			300
	精准管理								144	84.0	13.4	58.7	645	491	578
2018	农户管理	250	53	7.7	1.6	4.4			300	25.7	5.4	14.5			—
	区域优化管理						154	95	219	35.2	7.3	19.9			300
	精准管理								134	80.7	10.5	33.5	757	541	614

注：净效益之差为各个管理氮肥净收益与农户管理氮肥净收益之差。

于每户来说，仅氮肥管理，精准管理两年分别较农户管理，平均每公顷增收 578 元和 614 元；较区域优化管理，平均每公顷增收 278 元和 314 元。对于全村区域（53 ha）来说，仅氮肥管理，精准管理两年较农户管理分别增收 3.12 万元和 3.33 万元；较区域优化管理，分别增收 1.52 万元和 1.73 万元。

4.4　讨论

4.4.1　田块尺度冬小麦精准氮素管理

在基于多旋翼无人机多光谱遥感进行华北田块尺度冬小麦精准氮素管理之前，如下问题需要解决：① Mini-MCA 多光谱相机在不同生长时期估产效果如何？②在冬小麦关键时期，仅用归一化植被指数（NDVI、NDRE、GNDVI 以及 BNDVI）是否足够理想进行精准氮素管理？③当存在年份与追肥前氮素状况变异，区域优化氮肥管理策略是否合适？选用哪种精准氮素管理策略既稳定又理想？本小节将对如下问题进行讨论。

Li 等（2009）在北京与山东滨州惠民县开展多点试验，利用 GreenSeeker 进行返青至拔节期冬小麦产量潜力的估测发现，NDVI 的 INSEY 仅能解释 45% 的产量变异。Cao 等（2016a）在河北邯郸曲周县多点试验进行拔节期冬小麦产量潜力的不同传感器比较发现，GreenSeeker 仅能解释 33% 的产量变异，而 Crop Circle ACS-470 可解释 62% 的产量变异，极大提高了估产的准确性。本研究无人机遥感相比华北平原主动冠层传感器估测冬小麦潜力效果要好。多旋翼无人机多光谱遥感当季估产系数（INSEY）估测冬小麦产量时发现，拔节至扬花期无人机遥感估产效果较好（R^2=0.90 ~ 0.93），且验证表现与建模结果类似。这可能由于多光谱 Mini-MCA 除具有近红外、红光与蓝光波段外，还具有对氮素较为敏感的绿光与红边波段。通过对高光谱与作物营养诊断发现，多波段植被指数的建立能大幅提升传感器的诊断能力（Li et al.,2014a; 2014b）。同时，可能是由于无人机多光谱相机较其他冠层传感器，其影像数据可获得更多田块作物长势信息，这更有利于作物产量的估测（Vega et al., 2015）。Vega 等（2015）分析无人机遥感影像发现。影像像元与对应点冬小麦产量的相关性可达 0.71，这说明无人机高空间分辨率的估产优势。

本研究发现在拔节期归一化植被指数 GNDVI（R^2=0.89）可表现出与最优植被指数（R^2=0.90）类似的较好的估产能力。目前还没有关于无人机遥感归一化植被指数与最优植被指数比较的报道。Lu 等（2017）在评估主动冠层传感器不同植被指数寒地水稻氮素诊断效果发现，归一化植被指数与最优植被指数诊断估测效果类似，用归一化植被指数进行遥感诊断更为方便稳定。Cao 等（2016a）也发现 GNDVI（R^2=0.59）能取得与最优植被指数 NNIR（R^2=0.62）在拔节期类似较好的冬小麦估产效果。Vega 等（2015）发现无人机遥感 GNDVI 具有较好的作物估产能力，并能够解释60% ~ 71%的产量变异。在作物生育后期归一化植被指数（R^2=0.85）较最优植被指数（R^2=0.92），估产准确性有所下降，其原因可能是由于高植被覆盖度的影响，近红外反射率大大增加，这会使归一化植被指数发生饱和现象，这不利于后期作物估产（Cao et al.,2016b; Yao et al.,2012）。

本研究在拔节期评估不同氮肥管理策略。当存在年份与追肥前作物氮素状况变异，农户管理与区域氮肥管理策略均表现不足，推荐追施的氮肥量偏高，导致氮肥利用率与净收益偏低。相反，精准氮肥管理能够考虑土壤与作物空间与时间的氮素变异，基于作物传感器进行氮素诊断给出适合施氮量，并能够满足作物的营养需求（Miao et al., 2011; Yao et al.,2012; Cao et al.,2017）。本研究也发现类似结果，精准氮肥管理推荐施氮量均随冬小麦氮素过剩而显著降低，且和经济最优施氮量无明显差异且变化趋势一致，显著优于区域优化氮肥管理。通过对三种冬小麦氮素状况评估，归一化植被指数与最优植被指数各项产量指标均无明显差异，在稳产同时较农户管理氮肥施用减少 21% ~ 40%，氮肥利用率增加 27% ~ 66%，经济净收益增加 400 元·ha^{-1}；较区域优化管理氮肥施用减少 17% ~ 37%，氮肥利用率增加 32% ~ 59%，经济净收益增加 300 元·ha^{-1}。相比之下，归一化植被指数随年际与氮素状况差异表现得更加稳定，其主要原因可能在于归一化植被指数较其他植被指数，对各波段反射率进行归一化，减少了其他因素的影响（Xue & Su,2017）。因此，在考虑年份与追肥前氮素状况时，本研究推荐应用归一化植被指数精准氮肥管理策略进行华北平原冬小麦精准氮素管理。

4.4.2　村级尺度冬小麦精准氮素管理

在基于固定翼无人机多光谱遥感进行华北平原村级尺度冬小麦精准氮素管理之前，如下问题需要解决：①该无人机遥感系统对冬小麦估产效果如何？②在冬小麦追肥拔节期，仅用归一化植被指数（NDVI、NDRE、GNDVI）是否足够理想进行精准氮素管理？③基于无人机多光谱遥感的村级精准管理策略是否适用，较其他策略减氮增效潜力如何？

本研究结果表明，在拔节期绿光植被指数的 INSEY 均表现与产量较好的相关关系（R^2=0.85）。固定翼无人机遥感最优植被指数（GOSAVI）与归一化植被指数（GNDVI）均能解释85%的产量变异，并达到类似较好的验证评估效果（R^2=0.83 ~ 0.84；RMSE=1.10 ~ 1.11 t·ha^{-1}；

REr=16.1% ~ 16.3%）。本研究的固定翼无人机遥感估产效果与多旋翼无人机遥感估产效果类似。Marcaccio 等（2016）在评估固定翼无人机与多旋翼无人机遥感诊断结果时也发现，两者表现类似且精准度并无显著差异。研究的固定翼无人机估产效果较主动冠层传感器表现明显要好。Li 等（2009）利用 GreenSeeker NDVI 的 INSEY 仅能解释 45% 的产量变异。Cao 等（2016a）利用 GreenSeeker 与 Crop Circle ACS-470 分别可解释 33% 与 62% 的冬小麦产量变异。其原因可能在于多光谱 Parrot Sequoia+ 具有对氮素较为敏感的绿光与红边波段，因而可以大大提升传感器的估产能力（Cao et al.,2016a）。另外，可能是由于无人机多光谱相机较其他冠层传感器可获得更多遥感区域冠层光谱信息，这更有利于作物产量的估测（Vega et al.,2015）。

无论是固定翼还是多旋翼，在拔节期归一化植被指数 GNDVI（R^2=0.85 ~ 0.89）均表现出与最优植被指数（R^2=0.85 ~ 0.90）类似的较好的估产能力，类似研究也有报道。Cao 等（2016a）也发现 GNDVI（R^2=0.59）能取得与最优植被指数 NNIR（R^2=0.62）在拔节期类似较好的冬小麦估产效果。Vega 等（2015）发现无人机遥感 GNDVI 具有较好的作物估产能力，并能够解释 60% ~ 71% 的产量变异。这说明了 GNDVI 作物估产较好的稳定性，同时能够简化无人机遥感在村级尺度的应用从而减少植被指数的筛选，可仅用归一化植被指数进行村级尺度无人机精准氮素管理。

基于遥感诊断的氮肥调控策略目前有很多报道，其中绿色窗口策略是一个相对简单的推荐施肥策略。此方法最早基于视觉观察一系列不同施氮水平的小区，作物生物量会随施氮量不断增加而增加，直到达到某个施氮水平，生物量不再随施氮量增加而显著变化，而收获期产量与生物量高度相关并具有类似的氮肥响应曲线，因此，经济最优施氮量可以通过刚达到生物量或者产量平台值时的施氮量而确定（Raun et al.,2008; Yue et al.,2015）。为了进一步优化该策略在农业生产中的应用，Raun 等（2008）通过在农户田块设置一系列施氮量梯度变化的氮校准小区，利用冠层传感器 NDVI 代替视觉观察，根据 NDVI 的氮肥响应曲线来判断最优施氮量。Yue 等（2015）进一步优化了绿色窗口策略，在华北平原分别提高冬小麦产量、氮肥利用率以及净收益 13%、76% 与 60%。Cao 等（2017）通过氮校准小区，根据优化绿色窗口策略，在华北平原冬小麦—夏玉米轮作体系中，获得比玉米区域优化管理更好的表现，但在冬小麦生产中与区域优化管理类似。同时，曹强（2014）还指出该策略只是给出当季该区域最优施氮量，是一个固定值，没有考虑区域作物在地力、管理、水分、品种、播种时期等影响下实时养分需求的变异，这影响到该策略推荐施氮的准确性。如何确定当前作物实时需求的养分变异呢？其中一种方法是通过 NNI 诊断结果来获得。Huang 等（2015）提出了一种基于 NNI 诊断的寒地水稻的氮素精准调控，即根据水稻实时氮素状况，通过遥感植被指数反演当前植株吸氮量和生物量或者 NNI，根据 NNI 公式获得临界吸氮量，以当前吸氮量与临界吸氮量之差确定当前水稻需要减少或者补充的养分。因此，本研究将 NNI 遥感诊断与氮素调控融入绿色窗口策略中，通过绿色窗口法确定该区域的经济最优施氮量，利用 NNI 诊断中吸氮量之差，在区域经济最优施氮量基础上减少或者补充，以期进一步适合村级尺度精准氮素管理。

本研究村级不同氮素管理情景分析显示：当达到产量预期时，相对农户管理与区域优化管理，精准管理能够减少氮肥投入 44% ~ 68% 与 24% ~ 56%，增加氮肥偏生产力 79% ~ 214% 与 31% ~ 129%，增加氮肥净收益 491 ~ 757 元·ha^{-1} 与 191 ~ 457 元·ha^{-1}。对于全村 53 ha 来说，精准管理可较农户管理与区域优化管理分别较少 8.27 ~ 8.80 t 与

3.98 ~ 4.51 t 纯氮投入，分别增加 3.12 万 ~ 3.33 万元与 1.52 万 ~ 1.73 万元收益。目前还没有对我国村级尺度的精准管理的节肥增效的评估，因此本研究有利于我国华北平原小农户管理体系下农业可持续发展，为保障国家农业"双减"与"提质增效"战略提供了重要的技术支持。

4.5 小结

多旋翼无人机 Mini-MCA 多光谱相机具有很好估测冬小麦产量，其中拔节至扬花时期最优植被指数能够解释 90% ~ 93% 的产量变异，在验证数据集的表现也较好（R^2=0.90 ~ 0.92、RMSE=0.72 ~ 0.78 t·ha^{-1}、REr=9.1% ~ 9.9%）。归一化植被指数 GNDVI 在拔节期同样具有与最优植被指数类似的估测效果（R^2=0.89），也取得相近不错的评估表现。不同年份下冬小麦经济最优施氮量均有所不同。相对于经济最优施氮量，无人机遥感推荐施氮量均随冬小麦氮素逐渐过剩而显著降低，与经济最优施氮量无明显差异且变化趋势一致。归一化植被指数与最优植被指数各项产量指标均无明显差异，在稳产同时较农户管理氮肥施用减少 21% ~ 40%，氮肥利用率增加 27% ~ 66%，经济净收益增加 400 元·ha^{-1}；较区域优化管理氮肥施用减少 17% ~ 37%，氮肥利用率增加 32% ~ 59%，经济净收益增加 300 元·ha^{-1}。相比之下，归一化植被指数随年际与氮素状况差异表现得更加稳定。因此，在考虑年份与追肥前氮素状况时，本研究推荐基于多旋翼无人机应用归一化植被指数精准氮肥管理策略进行华北平原冬小麦精准氮素管理。

固定翼无人机多光谱遥感具有很好估测冬小麦产量的潜力，在拔节期绿光植被指数的 INSEY 表现较好，最优植被指数（GOSAVI）INSEY 能够解释 85% 的产量变异，在验证数据集的表现也较好（R^2=0.83；

RMSE=1.11 t·ha^{-1}；REr=16.3%）。归一化植被指数（GNDVI）在拔节期同样具有与最优植被指数估产效果（$R^2 = 0.85$），并达到类似更好的验证评估效果（R^2=0.84；RMSE=1.10 t·ha^{-1}；REr=16.1%）。归一化植被指数与最优植被指数在田块尺度绿色窗口策略评估中差异不显著。考虑到归一化植被较为简便稳定且表现较好，推荐基于固定无人机应用归一化植被指数精准氮肥管理策略进行华北平原冬小麦精准氮素管理。

在村级尺度应用无人机遥感进行氮肥管理评估，相较于农户管理和区域优化管理，精准管理能够大幅减少氮肥投入，大幅增加氮肥偏生产力，提高了纯收益。

5 >>>

基于 GIS 与 RS 的村级尺度土壤空间变异与精准养分管理

5.1 基于 GIS 的村级尺度土壤空间变异

5.1.1 描述统计分析结果

本研究对全村土壤取样点空间变异进行统计分析，见表 5-1。全村土壤有机质、全氮、碱解氮、有效磷、速效钾、pH 以及 CEC 的平均值分别为 22.8 g·kg^{-1}、1.43 g·kg^{-1}、91 mg·kg^{-1}、24.5 mg·kg^{-1}、164 mg·kg^{-1}、7.99 和 5.87 cmol·kg^{-1}。全村有机质、全氮与碱解氮根据全国第二次土壤普查养分分级标准，研究区域土壤养分等级均属于三级（有机质 20 ~ 30 g·kg^{-1}；全氮 1 ~ 1.5 g·kg^{-1}；碱解氮 90 ~ 120 mg·kg^{-1}）。全村有效磷为中等水平（14 ~ 30 mg·kg^{-1}），而速效钾含量过高，属于极高水平（> 150 mg·kg^{-1}）。全村土壤养分的变异总体较大，5 种土壤养分变异系数 17.9% ~ 61.3%，其中有效磷变异系数最大，达到 61.3%，其次为碱解氮（33.0%）、速效钾（29.9%）、有机质（19.0%）与全氮（17.9%）。土壤养分的较大变异不利于统一施肥管理，变量施肥有利于更精准调控作物所需养分，提高养分资源利用率。土壤 pH 变异最小，范围为 7.5 ~ 8.4，属于偏碱性。土壤 CEC 为土壤胶体所能吸

表 5-1　土壤理化指标描述性统计

理化指标	极大值	极小值	均值	标准差	K-S 非参数检验	变异系数（%）
有机质（g·kg^{-1}）	32.1	14.4	22.8	4.3	0.37	19.0
全氮（g·kg^{-1}）	1.96	0.68	1.43	0.26	0.65	17.9
碱解氮（mg·kg^{-1}）	180	32	91	30	0.96	33.0
有效磷（mg·kg^{-1}）	78.0	4.7	24.5	15.0	0.11	61.3
速效钾（mg·kg^{-1}）	305	89	164	49	0.15	29.9
pH	8.40	7.50	7.99	0.17	0.01	2.15
CEC（cmol·kg^{-1}）	9.80	2.50	5.87	1.84	0.22	31.4

附各种阳离子的总量，其值越大，说明土壤缓冲能力越好，保肥性越好。本研究区域土壤 CEC 为 2.5 ~ 9.8，变异较大（31.4%），总体土壤保肥性一般。对 7 种土壤理化指标进行 Kolmogorov-Smirnov 正态分布检验，假定 $p>0.01$，检验显示所有指标均服从正态分布，说明了取样的合理与科学性。土壤描述性统计分析只能反映养分总体含量特征，不能较完全地反映全村土壤养分空间相关性与结构特征，因此有必要进一步运用地统计学与 GIS 相结合的方法做进一步分析。

5.1.2　土壤理化性质的半方差函数分析

本研究通过 Kriging 表面预测和结果评估、检验其正态分布情况、选取插值方法和理论模型，从而进行空间插值分析。在 Kriging 空间差值方法中常选用线性、高斯、指数和球面模型分别对半方差函数进行拟合。参考石小华等（2006）选取模型的原则，即平均预测误差（ME）越接近"0"，预测误差的均方根（RMS）、平均预测标准差（ASE）越小，平均标准差（RMSS）越接近"1"，对土壤理化指标模型拟合及 Kriging 相关参数选择（见表 5-2）。

表 5-2　土壤特性模型拟合及其检验参数

理化指标	模型	块金值	基台值	变程（m）	块金系数	决定系数 R^2
有机质	指数模型	0.01	19.13	279	0.999	0.86
全氮	指数模型	0.001	0.0576	330	0.983	0.83
碱解氮	线性模型	487	909	634	0.464	0.86
有效磷	高斯模型	0.1	204	123	1.000	0.73
速效钾	球面模型	333	2392	254	0.861	0.76
pH	球面模型	0.00048	0.02896	157	0.983	0.71
CEC	指数模型	0.54	3.998	1092	0.865	0.88

由表 5-2 所示，土壤有机质、全氮、CEC 符合指数模型，速效钾与 pH 符合球面模型，有效磷符合高斯模型，碱解氮符合线性模型。块金值表示取样误差和小于取样尺度下的空间变异，基台值反映了变量在研究区域内总的空间变异强度，块金系数则表明系统变量的空间相关程度（马桦薇等，2015）。除碱解氮以外，其他土壤理化指标的块金系数均大于 75%，说明土壤养分受随机因素和结构因素共同影响。本研究区均属于农田耕作土壤，小农户管理作为人为管理的差异性与随机性极大扩大了随机因素的影响，而且多年不同耕作管理使本区域土壤养分变异较大，Miao 等（2006）与刘冬碧等（2004）也有类似的报道。

变程决定了土壤指标空间相关性的范围，土壤指标之间距离超过变程时则为相互独立。各个养分指标的变程差异较大为 123 ~ 1092 m，说明人为耕作管理对土壤特性的干扰很大。由决定系数均大于 0.7 可以看出，预测精度满足要求，具备 Kriging 插值要求。

5.1.3　土壤理化性质空间分布状况

由 ArcGIS 地统计模块进行 Kriging 插值计算后，土壤各个理化指标的空间分布如图 5-1 至图 5-7 所示。图 5-1 显示了南夏村土壤有机质空间分布特征，总体上呈现村落外围较高，村落附近较低的特征，其中高值区主要集中在村落的东南角和西北角。图 5-2 显示了土壤全氮和土壤有机质的空间分布具有一致性，均呈现村落外围较高、村落附近较低的特征。土壤有机质与土壤全氮空间分布的一致性也表明二者有较好的空间相关关系。土壤全氮和土壤有机质含量的高低直接反映了土壤质地状况，南夏村土壤全氮和土壤有机质的空间分布状况反映了其村落东南和西北角的土壤质量状况要好于村落周边区域。图 5-3 显示了南夏村土壤碱解氮的空间分布特征，结果表明南夏村土壤全氮的空间分布特征不同于土壤有机质和土壤全氮的空间分布特征，呈现村落南部较高、北部较低的特点。土壤碱解氮作为无机态氮和能被作物直接吸收利用的有机态氮，碱解氮含量的高低一般取决于有机质含量的高低和质量的好坏以及氮素化肥数量的多少。有机质含量丰富，熟化程度高，碱解氮含量亦高，反之则含量低。同时，农户的耕作模式和人为施肥状况等人为因素也是导致土壤碱解氮空间变异的重要原因。南夏村土壤有机质和土壤碱解氮空间分布的差异性，说明在田块尺度上，土壤碱解氮的空间分布特征可能与人为施肥、耕作模式等随机因素密切相关，这与方慧婷等（2019）的研究结果一致。土壤碱解氮的高低意味着土壤中铵态氮、硝态氮含量的水平，也直接反映了土壤铵态氮、硝态氮流失的风险，对于南夏村在土壤氮素输入过程中应该充分考虑其速效氮的空间分布状况，尽量减少因人为过量施肥造成铵态氮和硝态氮的流失风险。

图 5-4 和图 5-5 分别显示了南夏村土壤速效磷和速效钾的空间分布特征，由于小尺度农田土壤速效磷和速效钾的水平高低主要与人为因素有关，二者空间分布的一致性也表明南夏村土壤速效磷和速效钾的空

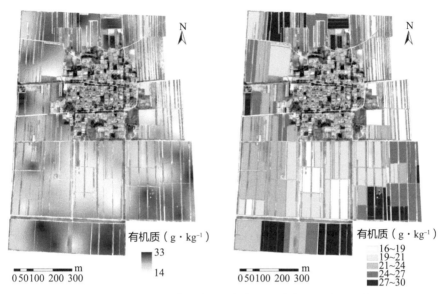

图 5-1　华北平原山东乐陵南夏村村级土壤有机质空间分布

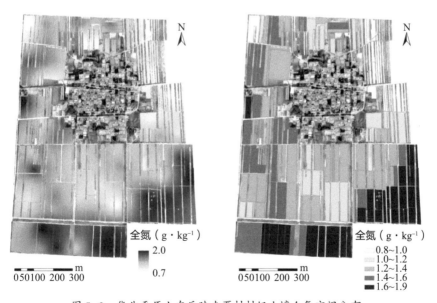

图 5-2　华北平原山东乐陵南夏村村级土壤全氮空间分布

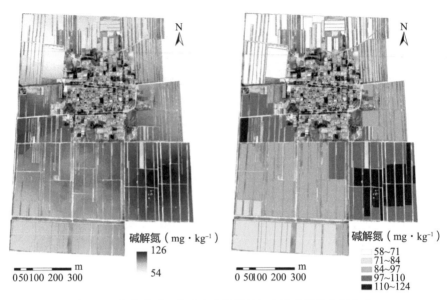

图 5-3　华北平原山东乐陵南夏村村级土壤碱解氮空间分布

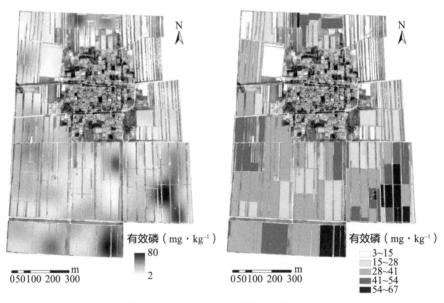

图 5-4　华北平原山东乐陵南夏村村级土壤有效磷空间分布

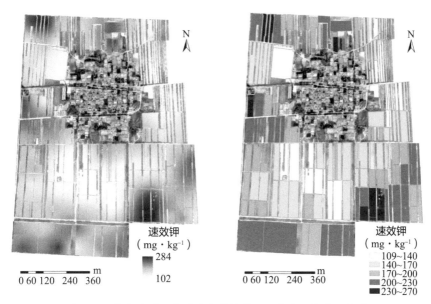

图 5-5 华北平原山东乐陵南夏村村级土壤速效钾空间分布

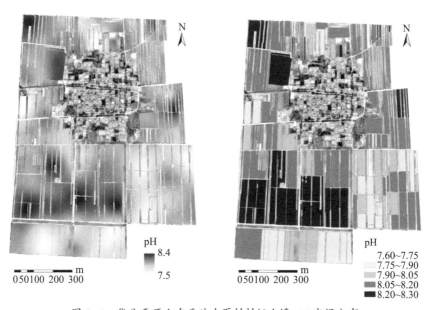

图 5-6 华北平原山东乐陵南夏村村级土壤 pH 空间分布

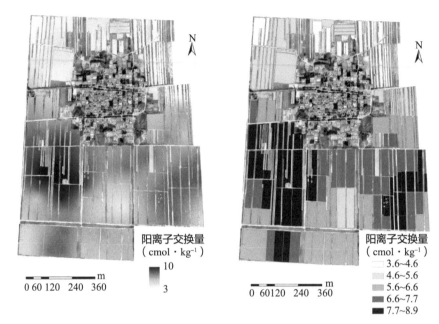

图 5-7　华北平原山东乐陵南夏村村级土壤阳离子交换量空间分布

间分布与当地农户人为活动密切相关。土壤阳离子交换量（CEC）是土壤的基本特性和重要肥力影响因素之一，是土壤保肥、供肥和缓冲能力的重要标志，对提高肥力和改良土壤有重要的作用。本研究结果显示（图 5-7），南夏村土壤 CEC 的空间分布与土壤碱解氮的空间分布特征相似，与土壤有机质之间的空间分布差异较大。温军等（2019）认为土壤阳离子交换量受土壤质地、黏土矿物类型、氧化物数量、土壤有机质的含量及其与矿质部分相互结合的形式等多种因素有关，但对于小尺度区域的某一种确定的土壤类型，有机质含量的变化是影响土壤阳离子交换量变化的最重要因素，这与本研究结果具有较大差异。

　　综上所述，南夏村土壤有机质、土壤全氮含量的高值区均主要集中在村庄的东南与西北，而碱解氮、有机磷、速效钾大多集中在村庄的东南，且全村速效钾绝大多数处于高或极高养分状态。土壤阳离子交换量村庄南部显著高于北部，说明了村庄南部土壤较高的保肥性，土壤质量状况较好。综上可知，村域内土壤养分空间变异较大，土壤氮、磷、钾含量的水平及其空间差异可以为村落小尺度农田的施肥精准管理提供依据，在实现农户增产增收的前提下，尽可能避免人为过度施肥造成养分利用率降低。

5.2　村级尺度冬小麦精准养分管理策略

参考并优化郭军玲等（2016）和张福锁等（2009）的研究，本研究建立的基于 GIS 与 RS 结合的村级精准养分管理策略具体为：①以土壤养分网格取样为基础，基于 GIS 技术与地统计学方法，从而形成村级土壤有效磷与速效钾空间变化图。②参考张福锁等（2009）全国各地区冬小麦施肥指南，利用连续两年基于固定翼无人机多光谱遥感的全村冬小麦产量反演图作为各个农户田块所能达到的产量水平，建立本地区土壤磷、钾养分丰缺指标（表 5-3、表 5-4）。③采用磷、钾恒量监控技术（孙义祥等，2009），基于土壤养分丰缺指标，确定磷、钾肥适宜推荐用量来建立精准管理策略，确定村级尺度磷、钾肥推荐用量。④精准磷、钾管理结合第 5 章基于固定翼无人机遥感的村级精准氮素管理策略，采用 GIS 技术进行叠加分析、归类合并，形成村级尺度冬小麦精准养分管理。

表 5-3　华北平原土壤有效磷分级及冬小麦推荐施磷量（张福锁等，2009）

产量水平 （ t・ha^{-1} ）	肥力等级	土壤有效磷 （ mg・kg^{-1} ）	推荐施磷量（ kg P$_2$O$_5$・ha^{-1} ）
< 6.0	极低	< 7	105

续表

产量水平 (t · ha^{-1})	肥力等级	土壤有效磷 (mg · kg^{-1})	推荐施磷量（kg P$_2$O$_5$ · ha^{-1}）
< 6.0	低	7 ~ 14	85
	中	14 ~ 30	60
	高	30 ~ 40	30
	极高	> 40	0
6.0 ~ 7.5	极低	< 7	140
	低	7 ~ 14	110
	中	14 ~ 30	80
	高	30 ~ 40	40
	极高	> 40	0
7.5 ~ 9.0	极低	< 7	160
	低	7 ~ 14	130
	中	14 ~ 30	100
	高	30 ~ 40	50
	极高	> 40	0
> 9.0	极低	< 7	180
	低	7 ~ 14	150
	中	14 ~ 30	120
	高	30 ~ 40	60
	极高	> 40	30

注：基于固定翼无人机多光谱遥感的全村冬小麦产量反演作为所能达到产量水平。

表 5-4　华北平原土壤速效钾分级及冬小麦推荐施钾量（张福锁等，2009）

产量水平（t·ha^{-1}）	肥力等级	土壤速效钾（mg·kg^{-1}）	推荐施钾量（kg K$_2$O·ha^{-1}）
7.5	低	< 90	60
	中	90 ~ 120	30
	高	120 ~ 150	0
	极高	> 150	0
> 7.5	低	< 90	75
	中	90 ~ 120	60
	高	120 ~ 150	30
	极高	> 150	0

注：基于固定翼无人机多光谱遥感的全村冬小麦产量反演作为所能达到产量水平。

5.3　村级尺度冬小麦精准磷、钾管理评估

根据本章材料与方法中精准磷、钾管理策略，利用连续两年基于固定翼无人机多光谱遥感的全村冬小麦产量反演图作为各个农户田块所能达到的产量水平，采用磷、钾恒量监控技术（孙义祥等，2009），基于土壤养分丰缺指标，确定磷、钾肥适宜推荐用量来建立磷、钾肥的精准管理，并给出村级磷、钾肥推荐用量图（图 5-8）。从磷肥的推荐用量来看，东北角属于低磷肥力等级，主要推荐 90 ~ 120 kg·ha^{-1}；东南角属于高磷肥力等级，主要推荐 0 ~ 60 kg·ha^{-1}。由于本地区采用秸秆还田的耕作形式，而秸秆存储了大量的钾素，能够满足生物期作物绝大部分需求。因此，从钾肥的推荐用量来看，除零星田块土壤速效钾含量偏低，推荐 30 ~ 60 kg·ha^{-1} 以外，全村绝大部分田块不用再追施钾肥。

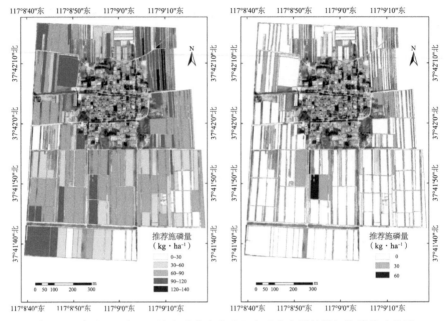

图 5-8 基于 GIS 与 RS 结合的华北平原山东乐陵南夏村村级推荐总施氮量

5.4 村级尺度冬小麦精准养分管理评估

通过全村农户调查可知，农户常采用经验进行统一施肥。由于缺乏科学的作物养分诊断技术与策略，为保证作物生育期不缺养分，农户常常过量施肥（Miao et al.，2011）。根据 Zhou 等（2017）和周兰（2018）的研究，本地区农户养分管理中氮、磷、钾肥施用量分别为 300 kg·ha^{-1}、180 kg·ha^{-1}、30 kg·ha^{-1}。为了更加适合该区域的作物养分吸收，本地区也提出了区域优化养分管理，推荐施用的氮、磷、钾量分别为 219 kg·ha^{-1}、132 kg·ha^{-1}、42 kg·ha^{-1}。这两种养分管理策略均为统一无差别定量施肥管理。综合前面研究，本村土壤养分变异较大，精准养分管理具有很好的节肥增效潜力。采用情景分析方法，基于 GIS 与 RS 的村级尺度冬小麦精准管理评估见表 5-5。

表 5-5 基于情景分析 2017—2018 年村级不同养分管理策略对冬小麦推荐氮、磷、钾施肥量与净收益之差的影响

年份	管理策略	农户总数目	总面积 (ha⁻¹)	施氮量（kg·ha⁻¹）			施磷量（kg·ha⁻¹）			施钾量（kg·ha⁻¹）			净收益之差（元·ha⁻¹）		
				最大值	最小值	均值	最大值	最小值	均值	最大值	最小值	均值	最大值	最小值	均值
2017	农户管理	250	53			300			180			26			—
	区域优化管理					219			132			42			553
	精准管理			167	126	144	140	0	68	60	0	3	1893	854	1387
2018	农户管理	250	53			300			180			26			—
	区域优化管理					219			132			42			553
	精准管理			154	95	134	140	0	68	60	0	3	1978	813	1424

注：净效益之差为各个管理与农户管理肥料净收益之差。

在 3 种氮肥管理策略均达到产量预期时，全村冬小麦推荐施磷量总变异较大，为 52%。全村冬小麦平均施磷总量（68 kg·ha^{-1}）显著低于农户管理（180 kg·ha^{-1}）与区域优化管理（132 kg·ha^{-1}），分别降低 62% 与 48%，相对于全村区域（53 ha），精准管理较农户管理与区域优化管理，分别共减少 5.92 t 与 3.37 t 纯磷投入。

由于除零星田块土壤速效钾含量偏低，全村绝大部分田块不用再追施钾肥。全村冬小麦平均施钾量显著低于农户管理与区域优化管理，并分别减少 88% 与 93%，相对于全村区域（53 ha），精准管理较农户管理与区域优化管理，分别共减少 1.24 t 与 2.10 t 纯钾投入。

本研究相比于农户管理计算总肥料所获得的经济净收益之差，已进行评估精准管理与区域优化管理的经济效益提升潜力。区域优化较农户管理多获得净收益 553 元·ha^{-1}，而精准管理表现更好。2017 年较农户管理多获得净收益 854 ~ 1893 元·ha^{-1}，比 2018 年（813 ~ 1978 元·ha^{-1}）略低。精准管理两年分别较农户管理，平均每公顷增收 1387 元和 1424 元；较区域优化管理，平均每公顷增收 834 元和 871 元。对于全村区域（53 ha）来说，精准管理两年较农户管理分别增收 7.42 万元和 7.64 万元；较区域优化管理，分别增收 4.48 万元和 4.70 万元。

5.5　讨论

对于我国不管是小农户管理还是大农场集约化经营，均在村域尺度存在土壤养分的变异，而精准管理能够考虑空间与时间变异，满足作物时空养分需求，这也是精准管理能够增产降肥增效的关键。那么究竟对于我国村级尺度的养分变异有多大？不同研究报道不同，Gnyp 等（2010）分析在我国东北佳木斯建三江七星农场内部，分析几家农户尺度水稻生长变异发现，同一时期水稻生长具有较大变异，2007 年与 2008 年 NDVI 变异系数分别为 1.4% ~ 19.9% 与 2.8% ~ 23.9%。Cao 等（2012）以河北曲周县村域范围为例，在 7 家农户约 300 亩的耕作区域进行网格取土测定，发现土壤氮素供应由 33.4 kg·ha^{-1} 至 268.4 kg·ha^{-1} 范围变化，变异系数高达 34%，因而模拟的最优施氮量也在 0 ~ 355 kg·ha^{-1} 范围变化，变异系数为 46%。刘冬碧等（2004）在研究湖北省黄冈市梅家墩村村级土壤养分空间变异分析时发现，该村土壤养分受作物品种、施肥水平以及管理方式等人为因素的影响，有机质、碱解氮、有效磷以及速效钾的变异很大，分别为 18.9%、26.7%、105% 与 75%。高义民等（2010）在我国黄土高原区陕西省新集村研究发现，土壤有机质、有效磷与速效钾的变异分别为 33.3%、52.4% 与 51.2%，并指出施肥是导致该村土壤养分空间变异较大的主要原因。马桦薇等（2015）在调查测定山西省煤炭基地复垦村庄土壤养分发现，由于刚进行复垦耕作，人为干扰相对较少的原因，土壤有机质、全氮、有效磷及速效钾变异系数范围为 20% ~ 29%，相对较小。本研究村庄属于华北平原典型小农户耕作区，因此与大多数报道一致，土壤养分变异较大，变异系数范围为 17.9% ~ 61.3%，其中有效磷变异系数最大，达 61.3%，其次为碱解氮（33.0%）、速效钾（29.9%）、有机质（19.0%）与全氮（17.9%）。土壤养分的较大变异不利于统一施肥管理，变量施肥有利于更精准调控作物所需养分，具有提高养分资源利用率的潜力。

综合大部分研究发现，村级尺度的土壤养分与作物氮素状况均存在较为明显的变异。那么，对于村级尺度，精准管理究竟能否节肥增效增产，其潜力究竟有多大？这对我国土地流转、发展集约型高效绿色可持续发展至关重要。Zhao 等（2013）在东北黑龙江建三江不同农户田块进行精准管理验证试验表明：水稻高产高效精准管理相比农户管理增产 10%，氮肥施用减少 27%，氮素利用率提高 51% ~ 97%。Cao 等（2017）在 2008 年至 2012 年对华北平原冬小麦与玉米轮作体系中进行了不同精准管理的田块验证，结果发现：相对于农户管理与区域优化管理，精准管理稳产并减少氮肥施用量 62% 和 36%，氮肥利用增加率 20% ~ 123% 和 20% ~ 61%，减少氮素流失 81% 和 57%。

大多数文献报道仅在田块尺度说明节肥增效潜力，对于村级尺度报道很少。苑严伟等（2013）在黑龙江红星农场利用土壤网格取样测定数据，结合 GIS 技术与变量施肥机，采用目标产量法进行氮、磷、钾精准管理，并相对于传统管理，节肥 15%，大豆与玉米分别增产 2% 与 9%。由于此报道仅采用 GIS 技术，且并未结合遥感技术考虑生育期作物调控，农场大农户与小农户管理存在一定差异，因此，不足以说明村级精准管理的潜力。

本研究采用情景分析方法发现，基于 GIS 与 RS 的村级尺度冬小麦精准管理节肥增效结果比 Nawar 等（2017）所报道大农场节肥增效效果要好。Nawar 等（2017）在英格兰 22 ha 农场内部基于 RS 与 GIS 技术结合进行精准管理，相对区域优化管理，精准管理能够促使油菜产量增加 3%，肥料净收益 518 元·ha^{-1}。

本研究仅停留在情景理论分析，仍需要大量村级尺度田间试验验证，相关研究有待继续进行。

5.6　小结

本章研究表明小农户管理下村级尺度土壤养分等理化性状空间变异大，土壤养分空间差异较大，变异系数范围为 17.9% ~ 61.3%。基于 GIS 与 RS 相结合的精准磷、钾调控有助于减少磷、钾肥的投入，相较于农户管理磷、钾肥减少 62% 与 88%；相较于区域优化管理磷、钾肥分别减少 48% 与 93%。氮磷钾精准管理能够进一步提高经济效益，相对于农户管理，2017 年、2018 年分别可增收 1387 元·ha^{-1} 和 1424 元·ha^{-1}，相较于区域优化管理，2017 年、2018 年分别可增收 834 元·ha^{-1} 和 834 元·ha^{-1}。

6 >>>

结论与展望

6.1　主要结论

本书通过华北平原村级尺度冬小麦多年多点小区与农户试验，应用八轴多旋翼无人机多光谱相机 Mini-MCA 与固定翼无人机 eBee 多光谱相机 Parrot Sequoia$^+$ 所获取的冬小麦冠层光谱反射率拟合植被指数。通过对比归一化植被指数与最优植被指数，系统评价了无人机遥感在当季关键生育期实时氮素诊断的潜力，并建立了冬小麦精准氮肥管理策略。同时，结合 GIS 技术与地统计学研究方法，建立了村级尺度基于 GIS 与 RS 结合的村级冬小麦精准养分管理。采用情景分析的方法系统评估了精准管理在村级节肥增效潜力。综合全文研究结果，所获得的主要结论如下。

第一，无人机 Mini-MCA 多光谱相机归一化植被指数（NDRE 与 GNDVI）能够较好地估测反演田块尺度冬小麦地上部生物量（R^2=0.74 ~ 0.87）、吸氮量（R^2=0.81 ~ 0.89），且与最优植被指数无明显差异（R^2=0.72 ~ 0.87；0.82 ~ 0.89）。基于多旋翼无人机遥感较实用有效的氮素诊断策略为采用 NDRE 无损地估测 NNI（R^2=0.59 ~ 0.86），准确率为 73% ~ 86%。

第二，无人机遥感能较好估测田块尺度冬小麦产量。归一化植被指数 GNDVI 与最优植被指数估产效果类似，均能解释 89% ～ 93% 的产量变异。无人机遥感推荐施氮量随冬小麦氮素过剩而显著降低，与经济最优施氮量无明显差异且变化趋势一致。多旋翼无人机精准氮素管理在稳产基础上较农户管理氮肥施用减少 21% ～ 40%，氮肥利用率增加 27% ～ 66%，经济净收益增加 400 元·ha^{-1}；较区域优化管理，氮肥施用减少 17% ～ 37%，氮肥利用率增加 32% ～ 59%，经济净收益增加 300 元·ha^{-1}。本研究推荐基于多旋翼无人机应用归一化植被指数进行冬小麦精准氮素管理。

第三，基于固定翼无人机 eBee 多光谱遥感的村级尺度冬小麦氮素诊断效果较好。归一化植被指数 NDVI 与 NDRE 均能解释 70% 生物量和 64% 吸氮量的变异，这与最优植被指数无明显差异（R^2=0.70 ～ 0.72；0.64）。利用氮充足指数 NSI 能够较好稳定估测 NNI（R^2=0.53 ～ 0.56），所采用 NNI-NSI 策略也较为简单实用获得最佳的诊断准确率（57% ～ 59%），并能最大程度减小田块、品种与年份之间的影响。

第四，无人机遥感能够较好估测村级尺度下的冬小麦产量，归一化植被指数（GNDVI）与最优植被指数（GOSAVI）估产效果均能解释 85% 的产量变异。归一化植被指数与最优植被指数采用绿色窗口策略推荐施氮量相当，与经济最优施氮量无显著差异。考虑到归一化植被指数更为稳定，推荐基于固定无人机应用归一化植被指数进行华北平原村级冬小麦早期精准氮素管理。

第五，基于 GIS 与 RS 结合的冬小麦精准养分管理有助于节本增效增收。村域下土壤养分空间变异较大，变异系数范围为 17.9% ～ 61.3%，基于 GIS 与 RS 结合的冬小麦精准养分管理有助于减少氮磷、钾肥的投入，相对农户管理减少 44% ～ 68%，62% 和 88%；相对区域优化分别减少 24% ~ 56%，48% 和 93%。氮、磷、钾精准管理能够进一步提高经济效益，相对于农户管理，全村每年总增收 7.42 万 ~ 7.64 万元；相对于区域优化管理，全村每年总增收 4.48 万 ~ 4.70 万元。

6.2 研究展望

本研究选用多旋翼无人机多光谱相机 Mini-MCA 与固定翼无人机多光谱相机 Parrot Sequoia+，以期实现冬小麦氮素诊断与精准养分管理。虽然在理论研究与技术应用上取得了一些较好的结果，但还需进一步发展与完善。

第一，本研究主要采用传统回归分析方法进行遥感光谱与农学参数的建模与验证，可以通过机器学习、深度学习等方法对数据进行进一步挖掘，提升反演精度，提高诊断与推荐施肥的准确性。

第二，本研究通过不同尺度分析无人机遥感对冬小麦进行氮素诊断，所采用的多光谱相机、定标、飞行方式与遥感空间分辨率等均存在一定的差异，需要进一步进行遥感机理分析与传感器的比较。

第三，本研究仅进行了情景模拟分析，仍需进一步对华北平原多年多点试验进行总结并结合作物生长模型进一步优化、验证村级尺度小农户管理下基于 GIS 与 RS 结合的冬小麦精准养分管理模式，并拓展诊断模型的适用范围。

参考文献

Alchanatis, V., Cohen, Y., 2016. Spectral and spatial methods of hyperspectral image analysis for estimation of biophysical and biochemical properties of agricultural crops [J]. Hyperspectral remote sensing of vegetation. CRC. Press, 324-343.

Barnes, E.M., Clarke, T.R., Richards, S.E., et al., 2000. Coincident detection of crop water stress, nitrogen status and canopy density using ground-based multispectral data [C]. International Conference on Precision Agriculture and Other Resource Management, Bloomington, Mn USA, July 16-19.

Bausch, W.C., Khosla, R., 2015. QuickBird satellite versus ground-based multi-spectral data for estimating nitrogen status of irrigated maize [J]. Precision Agriculture, 11(3): 274-290.

Bonfil, D.J., 2017. Monitoring wheat fields by RapidScan: accuracy and limitations [J]. Advances in Animal Biosciences: Precision Agriculture (ECPA), 8: 333-337.

Broge, N.H., Leblanc, E., 2000. Comparing prediction power and stability of broadband and hyperspectral vegetation indices for estimation of green leaf area index and canopy chlorophyll density [J]. Remote Sensing of Environment, 76: 156-172.

Buschmann, C., Nagel, E., 1993. In vivo spectroscopy and internal optics of leaves as basis for remote sensing of vegetation [J]. International Journal of Remote Sensing, 14: 711-722.

Calderón, R., Montes-Borrego, M., Landa, B.B., et al., 2014. Detection of downy mildew of opium poppy using high-resolution multi-spectral and thermal imagery acquired with an unmanned aerial vehicle [J]. Precision Agriculture, 15: 639–661.

Campbell, J.B., 2002. Introduction to Remote Sensing (Third Edition) [M]. New York, NY, USA: The Guilford Press.

Cao, Q., Cui, Z., Chen, X., et al., 2012. Quantifying spatial variability of indigenous nitrogen supply for precision nitrogen management in small scale farming [J]. Precision Agriculture, 13: 45–61.

Cao, Q., Miao, Y., Wang, H., et al., 2013. Non-destructive estimation of rice plant nitrogen status with Crop Circle multispectral active canopy sensor [J]. Field Crops Research, 154: 133–144.

Cao, Q., Miao, Y., Feng, G., et al., 2015. Active canopy sensing of winter wheat nitrogen status: An evaluation of two sensor systems [J]. Computers and Electronics in Agriculture, 112: 54–67.

Cao, Q., Miao, Y., Li, F., et al., 2016. Developing a new Crop Circle active canopy sensor-based precision nitrogen management strategy for winter wheat in North China Plain [J]. Precision Agriculture, 18: 1–17.

Cao, Q., Miao, Y., Shen, J., et al., 2016. Improving in-season estimation of rice yield potential and responsiveness to topdressing nitrogen application with Crop Circle active crop canopy sensor [J]. Precision Agriculture, 17: 136–154.

Cao, Q., Miao, Y., Feng, G., et al., 2017. Improving nitrogen use efficiency with minimal environmental risks using an active canopy sensor in a wheat-maize cropping system [J]. Field Crops Research, 214: 365–372.

Cao, Q., Miao, Y., Shen, J., et al., 2018. Evaluating two crop circle active canopy sensors for in-season diagnosis of winter wheat nitrogen status [J]. Agronomy, 8(10): 201.

Cartelat, A., Cerovic, Z.G., Goulas, Y., et al., 2005. Optically assessed contents of leaf polyphenolics and chlorophyll as indicators of nitrogen deficiency in wheat (Triticum aestivum L.) [J]. Field crops research, 91(1): 35–49.

Cerovic, Z.G., Masdoumier, G., Ghozlen, N.Ï.B., et al., 2012. A new optical leaf-clip meter for simultaneous non - destructive assessment of leaf chlorophyll and epidermal flavonoids [J]. Physiologia Plantarum, 146(3): 251-260.

Chauhan, S., Darvishzadeh, R., Boschetti, M., et al., 2019. Remote sensing-based crop lodging assessment: Current status and perspectives [J]. ISPRS journal of photogrammetry and remote sensing, 151: 124-140.

Chen, J.M., 1996. Evaluation of vegetation indices and a modified simple ratio for boreal applications [J]. Canadian Journal of Remote Sensing, 22: 229-242.

Chen, P., 2015. A comparison of two approaches for estimating the wheat nitrogen nutrition index using remote sensing [J]. Remote Sensing, 7: 4527-4548.

Cui, Z., Zhang, H., Chen, X., et al., 2018. Pursuing sustainable productivity with millions of smallholder farmers [J]. Nature, 555: 363-366.

Dash, J., Curran, P.J., 2004. The MERIS terrestrial chlorophyll index [J]. International Journal of Remote Sensing, 25: 5403-5413.

Datt, B., 1999. Visible/near infrared reflectance and chlorophyll content in Eucalyptus leaves [J]. International Journal of Remote Sensing, 20: 2741-2759.

Daughtry, C.S.T., Walthall, C.L., Kim, M.S., et al., 2000. Estimating corn leaf chlorophyll concentration from leaf and canopy reflectance [J]. Remote Sensing of Environment, 74: 229-239.

Diacono, M., Rubino, P., Montemurro, F., 2013. Precision nitrogen management of wheat. A review [J]. Agronomy for Sustainable Development, 33: 219-241.

D'Oleireoltmanns, S., Marzolff, I., Peter, K.D., et al., 2012. Unmanned aerial vehicle (UAV) for monitoring soil erosion in Morocco [J]. Remote Sensing, 4(11): 3390-3416.

Elsayed, S., Rischbeck, P., Schmidhalter, U., 2015. Comparing the performance of active and passive reflectance sensors to assess the normalized relative canopy temperature and grain yield of drought-stressed barley cultivars [J]. Field Crops Research, 177: 148-160.

Erdle, K., Mistele, B., Schmidhalter, U., 2011. Comparison of active and passive spectral sensors in discriminating biomass parameters and nitrogen status in wheat cultivars [J]. Field Crops Research, 124: 74-84.

Fan, M., Shen, J., Yuan, L., et al., 2012. Improving crop productivity and resource use efficiency to ensure food security and environmental quality in China [J].

Journal of Experimental Botany, 63: 13−24.

Foley, J.A., Ramankutty, N., Brauman, K.A., et al., 2011. Solutions for a cultivated planet [J]. Nature, 478: 337−342.

Gebbers, R., Adamchuk, V.I., 2010. Precision agriculture and food security [J]. Science, 327: 828.

Geipel, J., Link, J., Wirwahn, J.A., et al., 2016. A programmable aerial multispectral camera system for in-season crop biomass and nitrogen content estimation [J]. Agriculture, 6: 4.

Gevaert, C.M., Suomalainen, J., Tang, J., et al., 2015. Generation of spectral-temporal response surfaces by combining multispectral satellite and hyperspectral UAV imagery for precision agriculture applications [J]. IEEE Journal of Selected Topics in Applied Earth Observations and Remote Sensing, 8(6): 3140−3146.

Giletto, C.M., Echeverria, H.E., 2016. Canopy indices to quantify the economic optimum nitrogen rate in processing potato [J]. American Journal of Potato Research, 93: 253−263.

Gitelson, A.A., 2004. Wide Dynamic Range Vegetation Index for remote quantification of biophysical characteristics of vegetation [J]. Journal of Plant Physiology, 161: 165−173.

Gitelson, A.A., Kaufman, Y.J., Merzlyak, M.N., 1996. Use of a green channel in remote sensing of global vegetation from EOS-MODIS [J]. Remote Sensing of Environment, 58: 289−298.

Gitelson, A.A., Merzlyak, M.N., Lichtenthaler, H.K., 1996. Detection of red edge position and chlorophyll content by reflectance measurements near 700 nm [J]. Journal of Plant Physiology, 148: 501−508.

Gnyp, M.L., Yao, Y., Miao, Y., et al., 2010. Evaluating within-field rice growth variability using Quickbird and Ikonos images in Northeast China [C]. Proceedings of the 3rd ISDE Digital Earth Summit, Nessebar, Bulgaria, 12−14 June.

Godfray, H.C.J., Beddington, J.R., Crute, I.R., et al., 2010. Food security: the challenge of feeding 9 billion people [J]. Science, 327: 812−818.

Goel, N.S., Qin, W., 1994. Influences of canopy architecture on relationships between various vegetation indices and LAI and FPAR [J]. Remote Sensing Reviews, 10: 309-347.

Gong, P., Pu, R., Biging, G.S., et al., 2003. Estimation of forest leaf area index using vegetation indices derived from Hyperion hyperspectral data [J]. IEEE Transactions on Geoscience and Remote Sensing, 41: 1355-1362.

Gonzalez-Dugo, V., Hernandez, P., Solis, I., et al., 2015. Using high-resolution hyperspectral and thermal airborne imagery to assess physiological condition in the context of wheat phenotyping [J]. Remote Sensing, 7: 13586-13605.

Goovaerts., 1999. Geostatistics in soil science: state-of-the-art and perspectives [J]. Geoderma, 89(1-2): 1-45.

Haboudane, D., Miller, J.R., Tremblay, N., et al., 2002. Integrated narrow-band vegetation indices for prediction of crop chlorophyll content for application to precision agriculture [J]. Remote Sensing of Environment, 81: 416-426.

Haboudane, D., Miller, J.R., Pattey, E., et al., 2004. Hyperspectral vegetation indices and novel algorithms for predicting green LAI of crop canopies: Modeling and validation in the context of precision agriculture [J]. Remote Sensing of Environment, 90: 337-352.

Haboudane, D., Tremblay, N., Miller, J.R., et al., 2008. Remote estimation of crop chlorophyll content using spectral indices derived from hyperspectral data [J]. IEEE Transactions on Geoscience and Remote Sensing, 46: 423-437.

Houles, V., Guerif, M., Mary, B., 2007. Elaboration of a nitrogen nutrition indicator for winter wheat based on leaf area index and chlorophyll content for making nitrogen recommendations [J]. European Journal of Agronomy, 27: 1-11.

Huang, J., Gómez-Dans, J.L., Huang, H., et al., 2019. Assimilation of remote sensing into crop growth models: Current status and perspectives [J]. Agricultural and Forest Meteorology, 276: 107609.

Huang, S., Miao, Y., Zhao, G., et al., 2015. Satellite remote sensing-based in-season diagnosis of rice nitrogen status in Northeast China [J]. Remote Sensing, 7: 10646-10667.

Huang, S., Miao, Y., Yuan, F., et al., 2017. Potential of RapidEye and WorldView-2 satellite data for improving rice nitrogen status monitoring at different growth stages [J]. Remote Sensing, 9: 227.

Huang, Y., Thomson, S.J., Hoffmann, W.C., et al., 2013. Development and prospect of unmanned aerial vehicle technologies for agricultural production management [J]. International Journal of Agricultural and Biological Engineering, 6: 1–10.

Huang, Y., Hoffmann, W.C., Lan, Y., et al., 2008. Development of a spray system for an unmanned aerial vehicle platform [J]. Applied Engineering in Agriculture, 25: 803–809.

Huete, A., Didan, K., Miura, T., et al., 2002. Overview of the radiometric and biophysical performance of the MODIS vegetation indices [J]. Remote Sensing of Environment, 83: 195–213.

Huete, A.R., 1998. A soil-adjusted vegetation index (SAVI) [J]. Remote Sensing of Environment, 25: 295–309.

Hussain, F., Bronson, K.F., Yadvinder, S., et al., 2000. Use of chlorophyll meter sufficiency indices for nitrogen management of irrigated rice in Asia [J]. Agronomy Journal, 92: 875–879.

Jain, N., Ray, S.S., Singh, J.P., et al., 2007. Use of hyperspectral data to assess the effects of different nitrogen applications on a potato crop [J]. Precision Agriculture, 8(4–5): 225–239.

Jasper, J., Reusch, S., Link, A., 2009. Active sensing of the N status of wheat using optimized wavelength combination: impact of seed rate, variety and growth stage [C]. In: Van Henten, E.J., Goense D., Lokhorst, C., eds. Precision Agriculture 09: Papers from the 7th European Conference on Precision Agriculture. Wageningen Academic Publishers, Wageningen, Netherlands, 23–30.

Jordan, C.F., 1969. Derivation of leaf-area index from quality of light on the forest floor [J]. Ecology, 50: 663–666.

Landis, J.R., Koch, G.G., 1977. The measurement of observer agreement for categorical data [J]. Biometrics, 33: 159–174.

Lemaire, G., Jeuffroy, M.H., Gastal, F., 2008. Diagnosis tool for plant and crop N status in vegetative stage: theory and practices for crop N management [J]. European Journal of Agronomy, 28: 614–624.

Li, F., Miao, Y., Zhang, F., et al., 2009. In-season optical sensing improves nitrogen-use efficiency for winter wheat [J]. Soil Science Society of America Journal, 73: 1566–1574.

Li, F., Miao, Y., Chen, X., et al., 2010. Estimating winter wheat biomass and nitrogen status using an active crop sensor [J]. Intelligent Automation and Soft Computing, 16: 1221-1230.

Li, F., Miao, Y., Feng, G., et al., 2014. Improving estimation of summer maize nitrogen status with red edge-based spectral vegetation indices [J]. Field Crops Research, 157: 111-123.

Li, F., Mistele, B., Hu, Y., et al., 2014. Reflectance estimation of canopy nitrogen content in winter wheat using optimised hyperspectral spectral indices and partial least squares regression [J]. European Journal of Agronomy, 52: 198-209.

Li, S., Ding, X., Kuang, Q., et al., 2018. Potential of UAV-based active sensing for monitoring rice leaf nitrogen status [J]. Frontiers in plant science, 9: 1834.

Li, W., He, P., Jin, J., 2012. Critical nitrogen curve and nitrogen nutrition index for spring maize in North-East China [J]. Journal of Plant Nutrition, 35: 1747-1761.

Long, D.S., Eitel, J.U., Huggins, D.R., 2009. Assessing nitrogen status of dryland wheat using the canopy chlorophyll content index[J]. Crop Management, 8, 1-8.

Lu, J., Miao, Y., Shi, W., et al., 2017. Evaluating different approaches to non-destructive nitrogen status diagnosis of rice using portable RapidSCAN active canopy sensor [J]. Scientific Reports, 7: 14073.

Marcaccio, J.V., Markle, C.E., Chow-Fraser, P., 2016. Use of fixed-wing and multi-rotor unmanned aerial vehicles to map dynamic changes in a freshwater marsh[J]. Journal of Unmanned Vehicle Systems, 4(3): 193-202.

Marino, S., Alvino, A., 2017. Detection of homogeneous wheat areas using multi-temporal UAS images and ground truth data analyzed by cluster analysis [J]. European Journal of Remote Sensing, 51(1): 266-275.

Miao, Y., Mulla, D.J., Robert, P.C., 2006. Spatial variability of soil properties, corn quality and yield in two Illinois, USA fields: implications for precision corn management [J]. Precision Agriculture, 7: 5-20.

Miao, Y., Stewart, B.A., Zhang, F., 2011. Long-term experiments for sustainable nutrient management in China. A review [J]. Agronomy for Sustainable Development, 31: 397-414.

Mistele, B., Schmidhalter, U., 2008. Estimating the nitrogen nutrition index using spectral canopy reflectance measurements [J]. European Journal of Agronomy, 29: 184−190.

Mizusaki, D., Umeki, K., Honjo, T., 2013. Development of models for estimating leaf chlorophyll and nitrogen contents in tree species with respect to seasonal changes [J]. Photosynthetica, 51: 531−540.

Mulla, D.J., 2013. Twenty five years of remote sensing in precision agriculture: Key advances and remaining knowledge gaps [J]. Biosystems Engineering, 114: 358−371.

Mulla, D.J., Miao, Y., 2016. Chapter 7: Precision farming [M]. In: Thenkabail, P.S., eds. Remote Sensing Handbook Volume Ⅲ: Land Resources Monitoring, Modeling, and Mapping with Remote Sensing: Taylor & Francis Group, LLC, 161−173.

Muñoz-Huerta, R.F., Guevara-Gonzalez, R.G., Contreras-Medina, L.M., et al., 2013. A review of methods for sensing the nitrogen status in plants: advantages, disadvantages and recent advances [J]. Sensors, 13: 10823.

Nawar, S., Corstanje, R., Halcro, G., et al., 2017. Delineation of soil management zones for variable-rate fertilization: A review [J]. Advances in Agronomy, 143: 175−245.

Oliveira, L.F., Scharf, P.C., Vories, E.D., et al., 2013. Calibrating canopy reflectance sensors to predict optimal mid-season nitrogen rate for cotton [J]. Soil Science Society of America Journal, 77: 173−183.

Penuelas, J., Baret, F., Filella, I., 1995. Semi-empirical indexes to assess carotenoids/chlorophyll a ratio from leaf spectral reflectance [J]. Photosynthetica, 31: 221−230.

Perry, E.M., Goodwin, I., Cornwall, D., 2018. Remote sensing using canopy and leaf reflectance for estimating nitrogen status in red-blush pears [J]. Hortscience, 53: 78−83.

Peng, S., Buresh, R.J., Huang, J., et al., 2010. Improving nitrogen fertilization in rice by site-specific N management. A review [J]. Agronomy for Sustainable Development, 30: 649−656.

Phillips, S., 2014. Precision agriculture: supporting global food security [J]. Better Crops with Plant Food, 98: 4−6.

Pierce, F.J., Nowak, P. 1999. Aspects of precision agriculture [J]. Advances in Agronomy, 67: 1-85.

Qi, J., Chehbouni, A., Huete, A.R., et al., 1994. A modified soil adjusted vegetation index [J]. Remote Sensing of Environment, 48: 119-126.

Ranisavljević, É., Devin, Г., Laffly, D., et al., 2014. A dynamic and generic cloud computing model for glaciological image processing [J]. International Journal of Applied Earth Observation and Geoinformation, 27: 109-115.

Raun, W.R., Solie, J.B., Taylor, R.K., et al., 2008. Ramp calibration strip technology for determining midseason nitrogen rates in corn and wheat [J]. Agronomy Journal, 100(4): 1088-1093.

Reyniers, M., Walvoort, D.J.J., Baardemaaker, J.D., 2006. A linear model to predict with a multi-spectral radiometer the amount of nitrogen in winter wheat [J]. International Journal of Remote Sensing, 27: 4159-4179.

Rondeaux, G., Steven, M., Baret, F., 1996. Optimization of soil-adjusted vegetation indices [J]. Remote Sensing of Environment, 55: 95-107.

Roosjen, P.P.J., Brede, B., Suomalainen, J.M., et al., 2018. Improved estimation of leaf area index and leaf chlorophyll content of a potato crop using multi-angle spectral data-potential of unmanned aerial vehicle imagery [J]. International Journal of Applied Earth Observation and Geoinformation, 66: 14-26.

Roujean, J.L., Breon, F.M., 1995. Estimating PAR absorbed by vegetation from bidirectional reflectance measurements [J]. Remote Sensing of Environment, 51: 375-384.

Roumenina, E., Jelev, G., Dimitrov, P., et al., 2015. Winter wheat crop state assessment, based on satellite data from the experiment Spot-5 Take-5, unmanned airial vehicle sensefly ebee ag and field data in Zlatia Test Site, Bulgaria [C]. In Proceedings of the Eleventh Scientific Conference with International Participation, Sofia, Bulgaria, 4-6 November.

Rouse, J.W., Haas, J.R.H., Schell, J.A., et al., 1974. Monitoring vegetation systems in the Great Plains with ERTS [C]. In: NASA eds. Proceedings of Thid Earth Resources Technology Satellite-1 Symposium, NASA special publication, Washington, DC, USA, 309-317.

Samborski, S.M., Tremblay, N., Fallon, E., 2009. Strategies to make use of plant

sensors-based diagnostic information for nitrogen recommendations [J].
Agronomy Journal, 101: 800–816.

Sandham, L.A., Zietsman, H.L., 1997. Surface temperature measurement from space:
a case study in the South Western Cape of South Africa [J]. South African
Journal for Enology and Viticulture, 18: 25–30.

Sankaran, S., Khot, L.R., Espinoza, C.Z., et al., 2015. Low-altitude, high-resolution
aerial imaging systems for row and field crop phenotyping: A review [J].
European Journal of Agronomy, 70: 112–123.

Schröder, J., Neeteson, J., Oenema, O., et al., 2000. Does the crop or the soil
indicate how to save nitrogen in maize production: Reviewing the state of the art
[J]. Field Crops Research, 66(2): 151–164.

Shou, L., Jia, L., Cui, Z., et al., 2007. Using high-resolution satellite imaging to
evaluate nitrogen status of winter wheat [J]. Journal of Plant Nutrition, 30:
1669–1680.

Sims, D.A., Gamon, J.A., 2002. Relationships between leaf pigment content
and spectral reflectance across a wide range of species, leaf structures and
developmental stages [J]. Remote Sensing of Environment, 81: 337–354.

Thenkabail, P.S., Smith, R.B., Pauw, E.D., 2000. Hyperspectral vegetation indices
and their relationships with agricultural crop characteristics [J]. Remote
Sensing of Environment, 71(2): 158–182.

Torbett, J.C., Roberts, R.K., Larson, J.A., et al., 2007. Perceived importance
of precision farming technologies in improving phosphorus and potassium
efficiency in cotton production [J]. Precision Agriculture, 8(3): 127–137.

Torres-Sánchez, J., López-Granados, F., De Castro, A.I., et al., 2013. Configuration
and specifications of an unmanned aerial vehicle (UAV) for early site specific
weed management [J]. PLOS One, 8: e58210.

Tremblay, N., Wang, Z., Bélec, C., 2007. Evaluation of the Dualex for the assessment
of corn nitrogen status [J]. Journal of Plant Nutrition, 30(9): 1355–1369.

Tremblay, N., Wang, Z., Belec, C., 2009. Performance of Dualex in spring wheat for
crop nitrogen status assessment, yield prediction and estimation of soil nitrate
content [J]. Journal of Plant Nutrition, 33(1): 57–70.

Tremblay, N., Fallon, E., Ziadi, N., 2011. Sensing of crop nitrogen status:

Opportunities, tools, limitations, and supporting information requirements [J]. HortTechnology, 21: 274-281.

Tremblay, N., Wang, Z., Cerovic, Z.G., 2012. Sensing crop nitrogen status with fluorescence indicators. A review [J]. Agronomy for Sustainable Development, 32(2): 451-464.

Tucker, C.J., 1979. Red and photographic infrared linear combinations for monitoring vegetation [J]. Remote Sensing of Environment, 8: 127-150.

Turner, F.T., Jund, M.F., 1994. Assessing the nitrogen requirements of rice crops with a chlorophyll meter [J]. Australian Journal of Experimental Agriculture, 34(7): 1001-1005.

Uchino, H., Watanabe, T., Ramu, K., et al., 2013. Calibrating chlorophyll meter (SPAD-502) reading by specific leaf area for estimating leaf nitrogen concentration in sweet sorghum [J]. Journal of Plant Nutrition, 36(10): 1640-1646.

Varvel, G.E., Schepers, J.S., Francis, D.D., 1997. Ability for in-season correction of nitrogen deficiency in corn using chlorophyll meters [J]. Soil Science Society of America Journal, 61(4): 1233-1239.

Vega, F.A., Ramírez, F.C., Saiz, M.P., et al., 2015. Multi-temporal imaging using an unmanned aerial vehicle for monitoring a sunflower crop [J]. Biosystems Engineering, 132: 19-27.

Wang, W., Yao, X., Yao, X., et al., 2012. Estimating leaf nitrogen concentration with three-band vegetation indices in rice and wheat [J]. Field Crops Research, 129: 90-98.

Wang, X., Miao, Y., Dong, R., et al., 2019. Developing Active Canopy Sensor-Based Precision Nitrogen Management Strategies for Maize in Northeast China [J]. Sustainability, 11(3): 706.

Wu, J., Wang, D., Rosen, C.J., et al., 2007. Comparison of petiole nitrate concentrations, SPAD chlorophyll readings, and QuickBird satellite imagery in detecting nitrogen status of potato canopies [J]. Field Crops Research, 101: 96-103.

Wu, L., Chen, X., Cui, Z., et al., 2015. Improving nitrogen management via a regional management plan for Chinese rice production [J]. Environmental

Research Letters, 10: 095011.

Xia, T., Miao, Y., Wu, D., et al., 2016. Active optical sensing of spring maize for in-season diagnosis of nitrogen status based on nitrogen nutrition index [J]. Remote Sensing, 8: 605.

Xie, Q., Huang, W., Liang, D., et al., 2017. Leaf area index estimation using vegetation indices derived from airborne hyperspectral images in winter wheat [J]. IEEE Journal of Selected Topics in Applied Earth Observations and Remote Sensing, 7: 3586-3594.

Xue, J., Su, B., 2017. Significant remote sensing vegetation indices: A review of developments and applications [J]. Journal of Sensors, 2017:1353691.

Yang, C.M., Chen, R.K., 2004. Modeling rice growth with hyperspectral reflectance data [J]. Crop Science, 44(4): 1283-1290.

Yang, G., Liu, J., Zhao, C., et al., 2017. Unmanned aerial vehicle remote sensing for field-based crop phenotyping: current status and perspectives [J]. Frontiers in Plant Scicnce, 8: 1111.

Yao, Y., Miao, Y., Huang, S., et al., 2012. Active canopy sensor-based precision N management strategy for rice [J]. Agronomy for Sustainable Development, 32: 925-933.

Yao, Y., Miao, Y., Cao, Q., et al., 2014. In-season estimation of rice nitrogen status with an active crop canopy sensor [J]. IEEE Journal of Selected Topics in Applied Earth Observations and Remote Sensing, 7: 4403-4413.

Yin, X., Huang, M., Zou, Y., et al., 2012. Chlorophyll meter-based nitrogen management for no-till direct seeded rice [J]. Research on Crops, 13: 809-821.

Yu, W., Miao, Y., Feng, G., et al., 2012. Evaluating different methods of using chlorophyll meter for diagnosing nitrogen status of summer maize [C]. First International Conference on Agro-Geoinformatics (Agro-Geoinformatics). IEEE, 2012: 1-4.

Yuan, L., Huang, Y., Loraamm, R.W., et al., 2014. Spectral analysis of winter wheat leaves for detection and differentiation of diseases and insects [J]. Field Crops Research, 156: 199-207.

Yue, S., Meng, Q., Zhao, R., et al., 2012. Critical nitrogen dilution curve for optimizing nitrogen management of winter wheat production in the North China

Plain [J]. Agronomy Journal, 104: 523-529.

Yue, X.L., Hu, Y., Zhang, H.Z., et al., 2015. Green Window Approach for improving nitrogen management by farmers in small-scale wheat fields [J]. The Journal of Agricultural Science, 153(3): 446-454.

Zarco-Tejada, P.J., Berjón, A., López-Lozano, R., et al., 2005. Assessing vineyard condition with hyperspectral indices: Leaf and canopy reflectance simulation in a row-structured discontinuous canopy [J]. Remote Sensing of Environment, 99: 271-287.

Zarco-Tejada, P.J., González-Dugo, V., Berni, J.A.J., 2012. Fluorescence, temperature and narrow-band indices acquired from a UAV platform for water stress detection using a micro-hyperspectral imager and a thermal camera [J]. Remote Sensing of Environment, 117: 322-337.

Zhang, F., Chen, X., Vitousek, P., 2013. Chinese agriculture: An experiment for the world [J]. Nature, 497: 33-35.

Zhang, W., Cao, G., Li, X., et al., 2016. Closing yield gaps in China by empowering smallholder farmers [J]. Nature, 537: 671-674.

Zhao, B., Liu, Z., Ata-Ul-Karim, S.T., et al., 2016. Rapid and nondestructive estimation of the nitrogen nutrition index in winter barley using chlorophyll measurements [J]. Field Crops Research, 185: 59-68.

Zhao, G., Miao, Y., Wang, H., et al., 2013. A preliminary precision rice management system for increasing both grain yield and nitrogen use efficiency [J]. Field Crops Research, 154: 23-30.

Zheng, H., Cheng, T., Li, D., et al., 2018. Combining unmanned aerial vehicle (UAV)-based multispectral imagery and ground-based hyperspectral data for plant nitrogen concentration estimation in rice[J]. Frontiers in Plant Science, 9: 936.

Zhou, L., Chen, G., Miao, Y., et al., 2017. Evaluating a Crop Circle active sensor-based in-season nitrogen management algorithm in different winter wheat cropping systems [J]. Advances in Animal Biosciences: Precision Agriculture (ECPA), 8: 364-367.

Zhu, J., Wang, K., Deng, J., et al., 2009. Quantifying nitrogen status of rice using low altitude UAV-mounted system and object-oriented segmentation methodology

［C］．ASME 2009 International Design Engineering Technical Conferences and Computers and Information in Engineering Conference. American Society of Mechanical Engineers, 603-609.

Ziadi, N., Bélanger, G., Claessens, A., et al. 2010. Determination of a critical nitrogen dilution curve for spring wheat［J］．Agronomy Journal, 102(1): 241-250.

鲍士旦，2000．土壤农化分析（第三版）［M］．北京：中国农业大学出版社．

毕凯，李英成，丁晓波，等，2015．轻小型无人机航摄技术现状及发展趋势［J］．测绘通报，（3）：27-31.

曹强，2014．基于主动作物冠层传感器的冬小麦、水稻精准氮素管理［D］．北京：中国农业大学．

陈广锋，2018．华北平原小农户小麦／玉米高产高效限制因素及优化体系设计研究［D］．北京：中国农业大学．

陈鹏飞，孙九林，王纪华，等，2010．基于遥感的作物氮素营养诊断技术：现状与趋势［J］．中国科学：信息科学，40（S1）：21-37.

陈仲新，任建强，唐华俊，等，2016．农业遥感研究应用进展与展望［J］．遥感学报，20（5）：748-767.

方慧婷，蒙继华，程志强，2019．基于遥感与作物模型的土壤速效养分时空变异分析［J］．中国农业科学，52（3）：478-490.

高义民，同延安，常庆瑞，等，2010．基于 ArcGIS 地统计学的黄土高原村级尺度下土壤有机质空间格局研究［J］．干旱区域农业研究，28（4）：188-191.

郭军玲，王永亮，郭彩霞，等，2016．基于 GIS 和测土配方数据的晋北县域春玉米专用肥配方筛选［J］．农业工程学报，32（7）：158-164.

郭旭东，傅伯杰，马克明，等，2000．基于 GIS 和地统计学的土壤养分空间变异特征研究—以河北省遵化市为例［J］．应用生态学报，1：557-563.

贾良良，李斐，陈新平，等，2013．应用 IKONOS 卫星影像监测冬小麦氮营养状况［J］．中国土壤与肥料，（6）：68-71.

姜会飞，潘学标，吴文良，等，2005．中国小麦生产的时空变异及区域优势分析［J］．中国农业资源与区划，26（5）：39-42.

金伟，葛宏立，杜华强，等，2009．无人机遥感发展与应用概况［J］．遥感信息，1：88-92.

李志宏，2002．GIS 在养分资源管理及施肥推荐中的应用研究［D］．北京：中国农业科学院．

刘冬碧，余常兵，熊桂云，等，2004．村级农田土壤养分特征及其空间变异性［J］．湖北农业科学，4：79-82.

刘杏梅，徐建民，章明奎，等，2003．太湖流域土壤养分空间变异特征分析——以浙江省平湖市为例［J］．浙江大学学报（农业与生命科学版），29（1）：76-82.

芦俊俊，2018．基于RapidSCAN与无人机遥感的寒地水稻氮素诊断与精准管理［D］．北京：中国农业大学．

鲁植雄，潘君拯，1994．分维与土壤特性时空变异性研究进展［J］．农业工程学报，10：14-19.

马桦薇，师学义，张美荣，等，2015．待复垦村庄土壤养分特征研究——以山西省西郜村为例［J］．水土保持研究，22：107-112.

沈掌泉，王珂，朱君艳，2002．叶绿素计诊断不同水稻品种氮素营养水平的研究初报［J］．科技通报，18：173-176.

石小华，杨联安，张蕾，2006．土壤速效钾养分含量空间插值方法比较研究［J］．水土保持学报，20：68-72.

史舟，梁宗正，杨媛媛，等，2015．农业遥感研究现状与展望［J］．农业机械学报，46：247-260.

孙义祥，郭跃升，于舜章，等，2009．应用"3414"试验建立冬小麦测土配方施肥指标体系［J］．植物营养与肥料学报，15：197-203.

王人潮，蒋亨显，王珂，等，1999．论中国农业遥感与信息技术发展战略［J］．科技通报：1-7.

王人潮，2003．农业信息科学与农业信息技术［M］．北京：中国农业出版社．

温军，王晓丽，王彦龙，2019．长江源区3种地形高寒草地土壤阳离子交换量和交换性盐基离子的分布特征及其机理探讨［J］．生态环境学报，28（3）：488-497.

邢素丽，张广录，2003．我国农业遥感的应用现状与展望［J］．农业工程学报，19：174-178.

苑严伟，李树君，方宪法，等，2013．氮磷钾配比施肥决策支持系统［J］．农业机械学报，44：240-244.

张福锁，陈新平，陈清，2009．中国主要作物施肥指南［M］．北京：中国农业大学出版社．

周兰，2018．基于主动冠层传感器高产冬小麦氮素诊断及调控技术研究［D］．北京：中国农业大学．

附录

附表 S-1　本研究所选用 Mini-MCA 相机的植被指数

植被指数	公式	参考文献
Normalized Difference Vegetation Index (NDVI)	(NIR−R)/(NIR+R)	Rouse et al. (1974)
Ratio Vegetation Index (RVI)	NIR/R	Jordan (1969)
Difference Vegetation Index (DVI)	NIR−R	Tucker (1979)
Renormalized Difference Vegetation Index (RDVI)	(NIR−R)/SQRT(NIR+R)	Roujean and Breon (1995)
Wide Dynamic Range Vegetation Index (WDRVI)	$(0.12 \times \text{NIR}−\text{R})/(0.12 \times \text{NIR}+\text{R})$	Gitelson (2004)
Soil Adjusted Vegetation Index (SAVI)	$1.5 \times (\text{NIR}−\text{R})/(\text{NIR}+\text{R}+0.5)$	Huete (1988)
Optimized SAVI (OSAVI)	$(1+0.16) \times (\text{NIR}−\text{R})/(\text{NIR}+\text{R}+0.16)$	Rondeaux et al. (1996)
Modified SAVI (MSAVI)	$0.5 \times [2 \times \text{NIR}+1−\text{SQRT}((2 \times \text{NIR}+1)^2−8 \times (\text{NIR}−\text{R}))]$	Qi et al. (1994)
Modified Simple Ratio (MSR)	(NIR/R−1)/SQRT(NIR/R+1)	Chen (1996)
Transformed Normalized vegetation index (TNDVI)	SQRT((NIR−R)/(NIR+R)+0.5)	Sandham and Zietsman (1997)

植被指数	公式	参考文献
Optimal Vegetation Index (VI$_{opt}$)	$1.45 \times ((NIR^2+1)/(R+0.45))$	Reyniers et al. (2006)
Red Edge Point Reflectance (REPR)	$(R+NIR)/2$	Dash and Curran (2004)
Nonlinear Index (NLI)	$(NIR^2-R)/(NIR^2+R)$	Goel and Qin (1994)
Modified Nonlinear Index (MNLI)	$1.5 \times (NIR^2-R)/(NIR^2+R+0.5)$	Gong et al. (2003)
NDVI*RVI	$(NIR^2-R)/(NIR+R^2)$	Gong et al. (2003)
SAVI*SR	$(NIR^2-R)/[(NIR+R+0.5) \times R]$	Gong et al. (2003)
Normalized Difference Red Edge (NDRE)	$(NIR-RE)/(NIR+RE)$	Barnes et al. (2000)
Red Edge Ratio Vegetation Index (RERVI)	NIR/RE	Gitelson et al. (1996b)
Red Edge Difference Vegetation Index (REDVI)	$NIR-RE$	Cao et al. (2013)
Red Edge Renormalized Different Vegetation Index (RERDVI)	$(NIR-RE)/SQRT(NIR+RE)$	Cao et al. (2013)
Red Edge Wide Dynamic Range Vegetation Index (REWDRVI)	$(0.12 \times NIR-RE)/(0.12 \times NIR+RE)$	Cao et al. (2013)
Red Edge Soil Adjusted Vegetation Index (RESAVI)	$1.5 \times (NIR-RE)/(NIR+RE+0.5)$	Cao et al. (2013)
Red Edge Optimized SAVI (REOSAVI)	$(1+0.16) \times (NIR-RE)/(NIR+RE+0.16)$	Cao et al. (2013)
Modified Red Edge SAVI (MRESAVI)	$0.5 \times \{2 \times NIR+1-SQRT[(2 \times NIR+1)^2-8 \times (NIR-RE)]\}$	Cao et al. (2013)
Modified Red Edge Simple Ratio (MSR_RE)	$(NIR/RE-1)/SQRT(NIR/RE+1)$	Cao et al. (2013)
Optimized Red Edge Vegetation Index (REVI$_{opt}$)	$100 \times (lnNIR-lnRE)$	Jasper et al. (2009)

植被指数	公式	参考文献
Green Normalized Difference Vegetation Index (GNDVI)	(NIR−G)/(NIR+G)	Gitelson et al. (1996a)
Green Ratio Vegetation Index (GRVI)	NIR/G	Buschmann and Nagel (1993)
Green Difference Vegetation Index (GDVI)	NIR−G	Huang et al. (2015)
Green Renormalized Difference Vegetation Index (GRDVI)	(NIR−G)/SQRT(NIR+G)	Huang et al. (2015)
Green Wide Dynamic Range Vegetation Index (GWDRVI)	(0.12 × NIR−G)/(0.12 × NIR+G)	Huang et al. (2015)
Green Soil Adjusted Vegetation Index (GSAVI)	1.5 × (NIR−G)/(NIR+G+0.5)	Huang et al. (2015)
Green Optimized SAVI (GOSAVI)	(1+0.16) × (NIR−G)/(NIR+G+0.16)	Huang et al. (2015)
Modified Green SAVI (MGSAVI)	$0.5 \times \{2 \times NIR+1-SQRT[(2 \times NIR+1)^2-8 \times (NIR-G)]\}$	Huang et al. (2015)
Modified Green Simple Ratio (MSR_G)	(NIR/G−1)/SQRT(NIR/G+1)	Cao et al. (2013)
Blue Normalized Difference Vegetation Index (BNDVI)	(NIR−B)/(NIR+B)	Buschmann and Nagel (1993)
Blue Ratio Vegetation Index (BRVI)	NIR/B	Huang et al. (2015)
Blue Difference Vegetation Index (BDVI)	NIR−B	Huang et al. (2015)
Blue Renormalized Difference Vegetation Index (BRDVI)	(NIR−B)/SQRT(NIR+B)	Huang et al. (2015)
Blue Wide Dynamic Range Vegetation Index (BWDRVI)	(0.12 × NIR−B)/(0.12 × NIR+B)	Huang et al. (2015)
Blue Soil Adjusted Vegetation Index (BSAVI)	1.5 × (NIR−B)/(NIR+B+0.5)	Huang et al. (2015)
Blue Optimized SAVI (BOSAVI)	(1+0.16) × (NIR−B)/(NIR+B+0.16)	Huang et al. (2015)

植被指数	公式	参考文献
Modified Blue SAVI (MBSAVI)	$0.5 \times \{2 \times NIR+1- SQRT[(2 \times NIR+1)^2-8 \times (NIR-B)]\}$	Huang et al. (2015)
Modified Blue Simple Ratio (MSR_B)	$(NIR/B-1)/SQRT(NIR/B+1)$	This study, modified from Chen (1996)
Red Edge Normalized Difference Vegetation Index (RENDVI)	$(RE-R)/(RE+R)$	Elsayed et al. (2015)
Red Edge Simple Ratio (RESR)	RE/R	Erdle et al. (2011)
Modified Red Edge Difference Vegetation Index (MREDVI)	$RE-R$	This study, modified from Tucker (1979)
Modified Simple Ratio Green and Red (MSRGR)	$SQRT(G/R)$	Tucker (1979)
Green and Red Difference (GRD)	$G-R$	Tucker (1979)
Normalized Difference Green and Red (NDGR)	$(G-R)/(G+R)$	Tucker (1979)
Greenness Index (GI)	G/R	Tucker (1979)
Transformed Normalized Green and Red (TNDGR)	$SQRT[(G-R)/(G+R)+0.5]$	Tucker (1979)
Blue and Red pigment Indices (BRI)	B/R	Zarco-Tejada et al. (2005)
Blue and Green pigment Indices (BGI)	B/G	Zarco-Tejada et al. (2005)
MERIS terrestrial chlorophyll index (MTCI)	$(NIR-RE)/(RE-R)$	Dash and Curran. (2004)
DATT index (DATT)	$(NIR-RE)/(NIR-R)$	Datt (1999)
Modified canopy chlorophyll content index (MCCCI)	$NDRE/NDVI$	Long et al. (2009)
Modified Normalized Difference Vegetation Index 1 (mNDVI1)	$(NIR-R+2 \times G)/(NIR+R-2 \times G)$	Wang et al. (2012)

植被指数	公式	参考文献
Modified Normalized Difference Vegetation Index 2 (mNDVI2)	(NIR−R+2 × B)/(NIR+R−2 × B)	Wang et al. (2012)
New Modified Simple Ratio (NMSR)	(NIR−B)/(R−B)	Sims et al. (2002)
New Modified Normalized Difference (NMND)	(NIR−R)/(NIR+R−2 × B)	Sims et al. (2002)
Plant Senescence Reflectance Index (PSRI)	(R−G)/NIR	Sims et al. (2002)
Structure Insensitive Pigment Index (SIPI)	(NIR−B)/(NIR−R)	Penuelas et al. (1995)
Modified Chlorophyll Absorption in Reflectance Index (MCARI)	[(RE−R)−0.2 × (RE−G)] × (RE/R)	This study, modified from Daughtry et al. (2000)
Modified Chlorophyll Absorption in Reflectance Index 1 (MCARI1)	1.2 × [2.5 × (NIR−R)−1.3 × (NIR−G)]	Haboudane et al. (2004)
Modified Chlorophyll Absorption in Reflectance Index 2 (MCARI2)	{1.5 × [2.5 × (NIR−R)−1.3 × (NIR−G)]}/SQRT{(2 × NIR+1)²−[6 × NIR−5 × SQRT(R)]−0.5}	Haboudane et al. (2004)
Triangular Vegetation Index (TVI)	0.5 × [120 × (NIR−G)−200 × (R−G)]	Broge and Leblanc (2000)
Enhanced Vegetation Index (EVI)	2.5 × (NIR−R)/(1+NIR+6 × R−7.5 × B)	Huete et al. (2002)
Transformed Chlorophyll Absorption in Reflectance Index (TCARI)	3 × [(RE−R)−0.2 × (RE−G) × (RE/R)]	This study, modified from Haboudane et al. (2002)
Triangular Chlorophyll Index (TCI)	1.2 × (RE−G)−1.5 × (R−G) × SQRT(RE/R)	This study, modified from Haboudane et al. (2008)

植被指数	公式	参考文献
TCARI/OSAVI	TCARI/OSAVI	Haboudane et al. (2002)
TCARI/MSAVI	TCARI/MSAVI	Haboudane et al. (2002)
TCI/OSAVI	TCI/OSAVI	Haboudane et al. (2008)
Normalized Near Infrared Index (NNIRI)	NIR/(NIR+RE+R)	Lu et al. (2017)
Red Edge Transformed Vegetation Index (RETVI)	0.5 × [120 × (NIR−R)− 200 × (RE−R)]	Lu et al. (2017)

附表 S-2　本研究所选用 Parrot Sequoia+ 相机的植被指数

植被指数	公式	参考文献
Normalized Difference Vegetation Index (NDVI)	(NIR−R)/(NIR+R)	Rouse et al. (1974)
Ratio Vegetation Index (RVI)	NIR/R	Jordan (1969)
Difference Vegetation Index (DVI)	NIR−R	Tucker (1979)
Renormalized Difference Vegetation Index (RDVI)	(NIR−R)/SQRT(NIR+R)	Roujean and Breon (1995)
Wide Dynamic Range Vegetation Index (WDRVI)	(0.12 × NIR−R)/ (0.12 × NIR+R)	Gitelson (2004)
Soil Adjusted Vegetation Index (SAVI)	1.5 × (NIR−R)/(NIR+R+0.5)	Huete (1988)
Optimized SAVI (OSAVI)	(1+0.16) × (NIR−R)/ (NIR+R+0.16)	Rondeaux et al. (1996)
Modified SAVI (MSAVI)	$0.5 \times \{2 \times NIR+1-SQRT[(2 \times NIR+1)^2-8 \times (NIR-R)]\}$	Qi et al. (1994)
Modified Simple Ratio (MSR)	(NIR/R−1)/SQRT(NIR/R+1)	Chen (1996)
Transformed Normalized vegetation index (TNDVI)	SQRT[(NIR−R)/ (NIR+R)+0.5]	Sandham and Zietsman (1997)

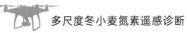

植被指数	公式	参考文献
Optimal Vegetation Index (VI$_{opt}$)	$1.45 \times ((NIR^2+1)/(R+0.45))$	Reyniers et al. (2006)
Red Edge Point Reflectance (REPR)	$(R+NIR)/2$	Dash and Curran (2004)
Nonlinear Index (NLI)	$(NIR^2-R)/(NIR^2+R)$	Goel and Qin (1994)
Modified Nonlinear Index (MNLI)	$1.5 \times (NIR^2-R)/(NIR^2+R+0.5)$	Gong et al. (2003)
NDVI*RVI	$(NIR^2-R)/(NIR+R^2)$	Gong et al. (2003)
SAVI*SR	$(NIR^2-R)/[(NIR+R+0.5) \times R]$	Gong et al. (2003)
Normalized Difference Red Edge (NDRE)	$(NIR-RE)/(NIR+RE)$	Barnes et al. (2000)
Red Edge Ratio Vegetation Index (RERVI)	NIR/RE	Gitelson et al. (1996b)
Red Edge Difference Vegetation Index (REDVI)	$NIR-RE$	Cao et al. (2013)
Red Edge Renormalized Different Vegetation Index (RERDVI)	$(NIR-RE)/SQRT(NIR+RE)$	Cao et al. (2013)
Red Edge Wide Dynamic Range Vegetation Index (REWDRVI)	$(0.12 \times NIR-RE)/(0.12 \times NIR+RE)$	Cao et al. (2013)
Red Edge Soil Adjusted Vegetation Index (RESAVI)	$1.5 \times (NIR-RE)/(NIR+RE+0.5)$	Cao et al. (2013)
Red Edge Optimized SAVI (REOSAVI)	$(1+0.16) \times (NIR-RE)/(NIR+RE+0.16)$	Cao et al. (2013)
Modified Red Edge SAVI (MRESAVI)	$0.5 \times \{2 \times NIR+1-SQRT[(2 \times NIR+1)^2-8 \times (NIR-RE)]\}$	Cao et al. (2013)
Modified Red Edge Simple Ratio (MSR_RE)	$(NIR/RE-1)/SQRT(NIR/RE+1)$	Cao et al. (2013)
Optimized Red Edge Vegetation Index (REVI$_{opt}$)	$100 \times (lnNIR-lnRE)$	Jasper et al. (2009)

植被指数	公式	参考文献
Green Normalized Difference Vegetation Index (GNDVI)	(NIR−G)/(NIR+G)	Gitelson et al. (1996a)
Green Ratio Vegetation Index (GRVI)	NIR/G	Buschmann and Nagel (1993)
Green Difference Vegetation Index (GDVI)	NIR−G	Huang et al. (2015)
Green Renormalized Difference Vegetation Index (GRDVI)	(NIR−G)/SQRT(NIR+G)	Huang et al. (2015)
Green Wide Dynamic Range Vegetation Index (GWDRVI)	(0.12 × NIR−G)/ (0.12 × NIR+G)	Huang et al. (2015)
Green Soil Adjusted Vegetation Index (GSAVI)	1.5 × (NIR−G)/(NIR+G+0.5)	Huang et al. (2015)
Green Optimized SAVI (GOSAVI)	(1+0.16) × (NIR−G)/ (NIR+G+0.16)	Huang et al. (2015)
Modified Green SAVI (MGSAVI)	0.5 × {2 × NIR+1− SQRT[(2 × NIR+1)^2− 8 × (NIR−G)]}	Huang et al. (2015)
Modified Green Simple Ratio (MSR_G)	(NIR/G−1)/SQRT(NIR/G+1)	Cao et al. (2013)
Red Edge Normalized Difference Vegetation Index (RENDVI)	(RE−R)/(RE+R)	Elsayed et al. (2015)
Red Edge Simple Ratio (RESR)	RE/R	Erdle et al. (2011)
Modified Red Edge Difference Vegetation Index (MREDVI)	RE−R	This study, modified from Tucker (1979)
Modified Simple Ratio Green and Red (MSRGR)	SQRT(G/R)	Tucker (1979)
Green and Red Difference (GRD)	G−R	Tucker (1979)
Normalized Difference Green and Red (NDGR)	(G−R)/(G+R)	Tucker (1979)
Greenness Index (GI)	G/R	Tucker (1979)

植被指数	公式	参考文献
Transformed Normalized Green and Red (TNDGR)	SQRT[(G−R)/(G+R)+0.5]	Tucker (1979)
MERIS terrestrial chlorophyll index (MTCI)	(NIR−RE)/(RE−R)	Dash and Curran. (2004)
DATT index (DATT)	(NIR−RE)/(NIR−R)	Datt (1999)
Modified canopy chlorophyll content index (MCCCI)	NDRE/NDVI	Long et al. (2009)
Modified Normalized Difference Vegetation Index 1 (mNDVI1)	(NIR−R+2 × G)/(NIR+R−2 × G)	Wang et al. (2012)
Plant Senescence Reflectance Index (PSRI)	(R−G)/NIR	Sims et al. (2002)
Modified Chlorophyll Absorption in Reflectance Index (MCARI)	[(RE−R)−0.2 × (RE−G)] × (RE/R)	This study, modified from Daughtry et al. (2000)
Modified Chlorophyll Absorption in Reflectance Index 1 (MCARI1)	1.2 × [2.5 × (NIR−R)−1.3 × (NIR−G)]	Haboudane et al. (2004)
Modified Chlorophyll Absorption in Reflectance Index 2 (MCARI2)	{1.5 × [2.5 × (NIR−R)−1.3 × (NIR−G)]}/SQRT[(2 × NIR+1)^2−(6 × NIR−5 × SQRT(R))−0.5]	Haboudane et al. (2004)
Triangular Vegetation Index (TVI)	0.5 × [120 × (NIR−G)−200 × (R−G)]	Broge and Leblanc (2000)
Transformed Chlorophyll Absorption in Reflectance Index (TCARI)	3 × [(RE−R)−0.2 × (RE−G) × (RE/R)]	This study, modified from Haboudane et al. (2002)
Triangular Chlorophyll Index (TCI)	1.2 × (RE−G)−1.5 × (R−G) × SQRT(RE/R)	This study, modified from Haboudane et al. (2008)
TCARI/OSAVI	TCARI/OSAVI	Haboudane et al. (2002)

植被指数	公式	参考文献
TCARI/MSAVI	TCARI/MSAVI	Haboudane et al. (2002)
TCI/OSAVI	TCI/OSAVI	Haboudane et al. (2008)
Normalized Near Infrared Index (NNIRI)	NIR/(NIR+RE+R)	Lu et al. (2017)
Red Edge Transformed Vegetation Index (RETVI)	0.5 × [120 × (NIR−R)− 200 × (RE−R)]	Lu et al. (2017)

附表 S-3　本文中使用的常见英文缩写

英文缩写	英文全称	中文含义
N	Nitrogen	氮
P	Phosphorus	磷
K	Potassium	钾
R	Red	红光
G	Green	绿光
B	Blue	蓝光
RE	Red edge	红边
NIR	Near infrared	近红外
RS	Remote sensing	遥感
GIS	Geographic information system	地理信息系统
GNSS	Global navigation satellite system	全球导航卫星系统
R^2	Coefficient of determination	决定系数
RMSE	Root mean squared error	均方根误差
CV	Coefficient ofvariation	变异系数
REr	Relative error	相对误差
SD	Standard deviation	标准差
Mean	The mean value	平均值

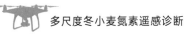

续表

英文缩写	英文全称	中文含义
VI	Vegetation index	植被指数
UAV	Unmanned aerial vehicle	无人机
NNI	N nutrition index	氮营养指数
NSI	N sufficiency index	氮充足指数
NFOA	N fertilizer optimization algorithm	氮肥优化算法
N_c	Critical N concentration	临界氮浓度
N_a	Actual measured N concentration	实测氮浓度
AGB	Aboveground biomass	地上部生物量
PNC	Plant N concentration	氮浓度
PNU	Plant N uptake	吸氮量
PNM	Precision N management	精准氮素管理
EONR	Economically optimal N rates	经济最优施氮量
FM	Farmer management	农户管理
ROM	Regional optimum management	区域优化管理
PM	Precision management	精准管理
NUE	N use efficiency	氮素利用率
PFP_N	Partial factor productivity	偏生产力

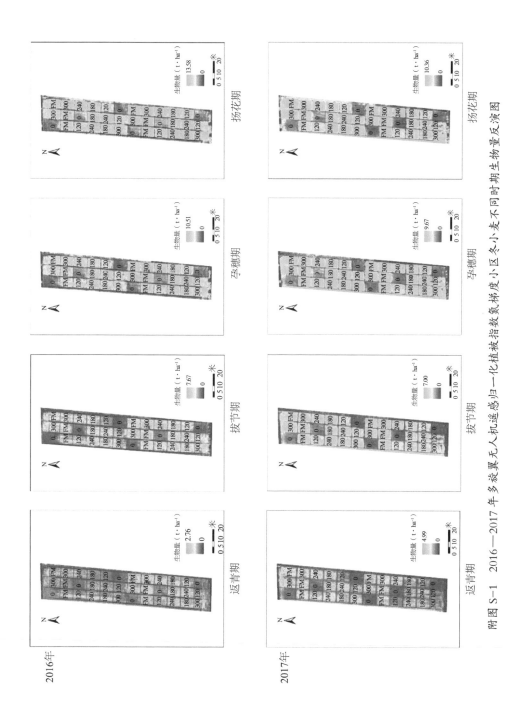

附图 S-1 2016—2017 年多旋翼无人机遥感归一化植被指数指氨梯度小区冬小麦不同时期生物量反演图

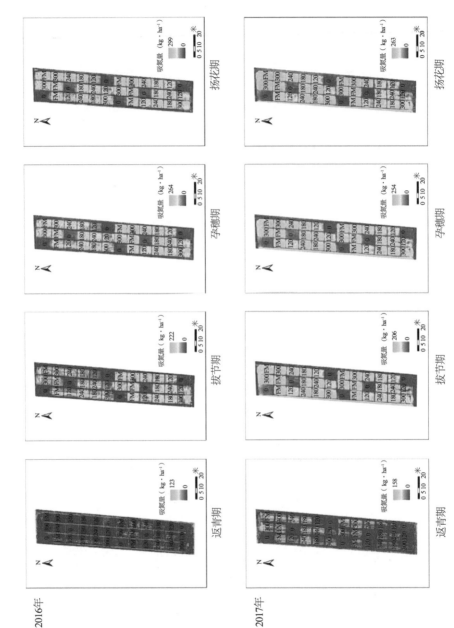

附图 S-2　2016—2017 年多旋翼无人机遥感归一化植被指数氮梯度小区冬小麦不同时期吸氮量反演图

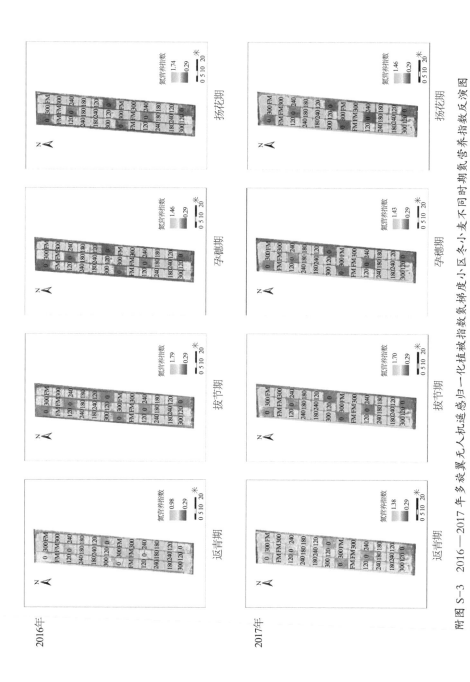

附图 S-3　2016—2017 年多旋翼无人机遥感归一化植被指数氮梯度小区冬小麦不同时期氮营养指数反演图

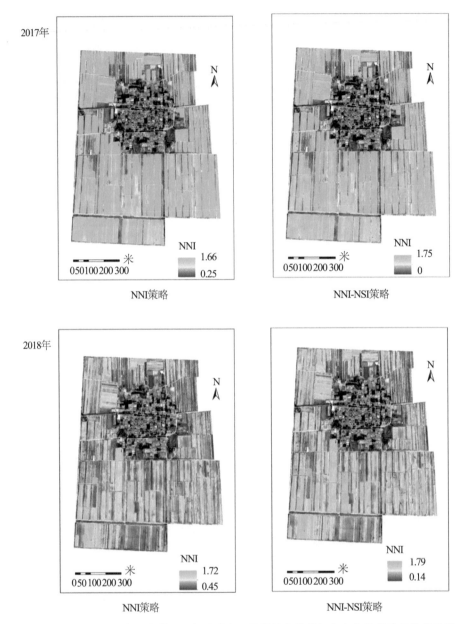

附图 S-4　2017—2018 年固定翼无人机遥感归一化植被指数村级冬小麦氮营养指数反演图

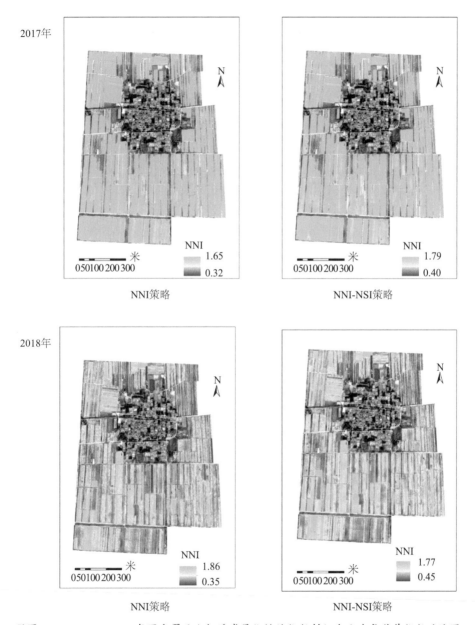

附图 S-5　2017—2018 年固定翼无人机遥感最优植被指数村级冬小麦氮营养指数反演图